# 李毓佩数学故事

彩图版 冒险系列

## 酷酷猴闯西游

李毓佩 著

长江出版传媒 长江少年儿童出版社

鄂新登字 04 号

图书在版编目（C I P）数据

彩图版李毓佩数学故事. 冒险系列. 酷酷猴闯西游 / 李毓佩著.
—武汉：长江少年儿童出版社，2018.10
ISBN 978-7-5560-8738-9

Ⅰ. ①彩… Ⅱ. ①李… Ⅲ. ①数学—青少年读物 Ⅳ. ①O1-49

中国版本图书馆 CIP 数据核字（2018）第 164823 号

酷酷猴闯西游

**出 品 人**：何龙
**出版发行**：长江少年儿童出版社
**业务电话**：（027）87679174 （027）87679195
**网 址**：http://www.cjcpg.com
**电子邮箱**：cjcpg_cp@163.com
**承 印 厂**：中印南方印刷有限公司
**经 销**：新华书店湖北发行所
**印 张**：5.75
**印 次**：2018 年 10 月第 1 版，2023 年 11 月第 6 次印刷
**印 数**：42001－45000 册
**规 格**：880 毫米×1230 毫米
**开 本**：32 开
**书 号**：ISBN 978-7-5560-8738-9
**定 价**：25.00 元

# 人物介绍

1

智勇双全的小猕猴。因穿着酷、解题酷，被大家称作“酷酷猴”。在本书里，他与我们熟悉的孙悟空、猪八戒、沙和尚结下了缘，他不以勇胜，而是痛痛快快地智闯西游。

2

3

《西游记》中的主要人物。在本书中，他们和酷酷猴合力智斗各路妖怪，还跟着酷酷猴学了不少数学知识呢！

## 4 沙和尚

《西游记》中的沙师弟。在本书里，他先后遭遇了被变大老虎、真假沙和尚等危机，多亏了酷酷猴助他化险为夷。

## 5 胖狼精

## 6 瘦狼精

西游路上的两个妖怪。瘦狼精精明狡黠，胖狼精却有点儿傻。最后被酷酷猴和老熊消灭在洞中，落得个偷鸡不成蚀把米的下场。

# 目 录

CONTENTS

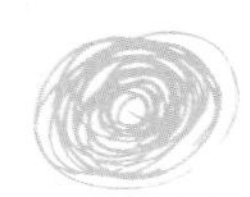

酷酷猴和沙和尚

# 酷酷猴和猪八戒

## 卫兵排阵

酷酷猴是一只小猕猴，这只小猕猴可不得了，聪明过人，身手敏捷。酷酷猴有两酷：他穿着入时，这是第一酷；他数学特别好，解题思路独特，计算速度奇快，这是第二酷。所以同伴们就把他叫作酷酷猴。

一日，酷酷猴正在树林里散步，忽然听到后面有人喊：“大师兄救命！”

酷酷猴回头一看，只见猪八戒正被几只蚊子精追得仓皇逃窜。

猪八戒边跑边喊：“猴哥救命！蚊子咬死我了！”

酷酷猴不敢怠慢，立刻拿出蚊虫喷杀剂，对猪八戒说：“老猪，快藏到我身后。”

酷酷猴高叫：“瞧我的厉害！”噗——一阵蚊虫喷杀

剂猛喷过去，蚊子精高喊：“啊，没命啦！”纷纷落地。

猪八戒握住酷酷猴的手说：“感谢大师兄救命之恩！”

酷酷猴摇摇头说：“老猪，你认错人啦！我不是你的大师兄孙悟空。”

猪八戒仔细端详酷酷猴：“嘿，你还真不是我的大师兄。孙猴子不戴眼镜，不穿T恤衫和牛仔裤。总之，孙猴子没有你酷！不过，你是猴子，凡是猴子都是我的师兄，你就算我的小师兄吧！我说小师兄，你叫什么名字？”

“大家都叫我酷酷猴。”

“酷酷猴？”猪八戒笑着说，“小师兄的名字真是酷！”

酷酷猴笑了笑：“马马虎虎。”

不一会儿，猪八戒就打了个大哈欠：“呵——真困哪！”

“困了就睡吧！”

“不敢哪！我老猪睡着了就打呼噜，妖精听到呼噜声还不得来吃我？”

“那怎么办？”酷酷猴也犯难了。

“有办法了！”猪八戒眼睛一亮，“我学大师兄，在地上画一个魔阵，我躺在魔阵里面睡，就可以高枕无忧了！”说完，就在地上画了一个 $4\times4$ 的方阵。

酷酷猴问：“你画的魔阵有魔力吗？”

猪八戒懊丧地摇摇头：“也是，我没有孙猴子的法力，画的阵一点儿魔力也没有！”

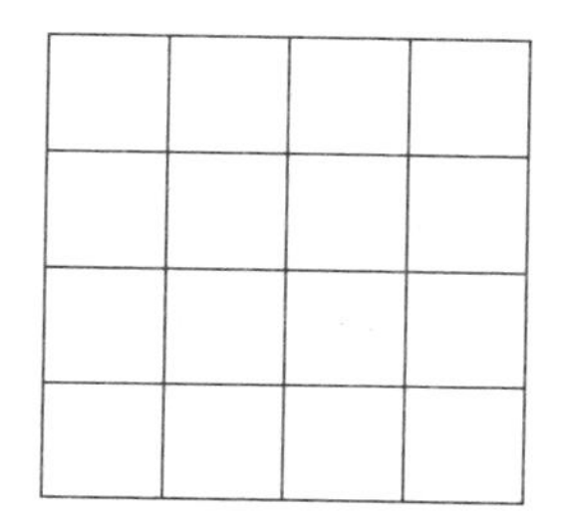

“那还是没用啊！”

猪八戒眼珠一转：“嘿，我有办法啦！你等着。”没过多会儿，猪八戒带来山羊、小熊、兔子和松鼠各一只，高兴地说：“哈，我抓来四个卫兵，让他们给我站岗放哨，我就可以在方阵里睡大觉啦！”

山羊和兔子问：“我们站哪儿放哨？”

“这 4×4 的魔阵有 16 个方格，让他们站在哪儿最好呢？”猪八戒开始挠头。

猪八戒问酷酷猴：“小师兄，你给出个主意，怎么排好？”

酷酷猴眨巴一下眼睛：“你排方阵是为了睡觉安全，最好的排法是每行每列都能有一名卫兵，这样妖精不管从哪个方向来，都能被卫兵发现。”

猪八戒嘿嘿一乐：“原来小师兄也犯糊涂，方阵的每

行每列都有一名卫兵的话，那需要16名啊！我只有4个兵，不够！”

酷酷猴解释说：“我是说每行每列都能有一名卫兵，并没说每个格里都要有一名卫兵啊！”

“是这么个理儿。”猪八戒问，“你说的排法当然好，可是怎么排呀？”

“你等着！”说着，酷酷猴就画出了一种排法。

| 羊 | | | |
|---|---|---|---|
| | 兔 | | |
| | | 熊 | |
| | | | 鼠 |

猪八戒认真看了看，一竖大拇指："高！果然每行、每列都有一名卫兵。"

"这不算什么，其实可以有 576 种不同的排法。"

"什么？ 576 种？"猪八戒瞪大了眼睛，"吹牛！我夸你两句，你就开始吹牛了。"

酷酷猴并不生气："4 名卫兵，我们一名一名来放，先放山羊。我问你，由于 16 个格里哪个都可以放，一共就有 16 种不同的放法，对不对？"

"对！"

酷酷猴又问："当把山羊的位置确定之后，比如固定在左上角，这时，最上面一行、最左边一列是不是就不用再放卫兵了？"

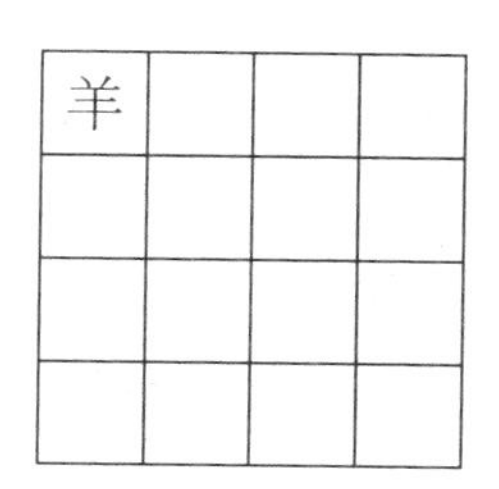


"我想想。"猪八戒对着方阵图比画，"最上面一行，横着看，能看到一只羊。最左边一列，竖着看，也能看到一只羊。不错，放上一只羊，可以管一行和一列。"

酷酷猴又说："把羊放好之后，第二个该放兔子了，这时只剩下 9 个格子可以挑选了。”

“对！因为最上面一行和最左边一列有羊看管着，就不用再放卫兵了。”

“同样道理，熊只有 4 个格子可以挑选，而松鼠只能站在右下角的格子里了。这样一来，一共就有 $16\times9\times4\times1=576$（种）排法。”

猪八戒拍了拍酷酷猴的肩膀：“小师兄，你的数学可比我大师兄孙悟空强多啦！看来我可以睡一个安稳觉了。”

## 知识点解析

### 乘法原理

故事中，在4×4的方格中，依次安排四只动物，先确定山羊的位置，有16种情况，固定后再放兔子，有9种情况，再放熊，有4种情况……我们做一件事情，经常需要分几步来完成，在完成每一步的时候又有几种不同的方法，完成这件事一共有多少种方法呢？我们可以用乘法原理来解决。

## 考考你

孙悟空初到高老庄，与猪八戒大战三百回合也没有分出胜负，猪八戒说：“弼马温，你要是能破了我的阵，我就跟你去西天取经。”规则是孙悟空和猪八戒分别站在阵法线的交叉点上，且不能在同一条直线上，请问一共有多少种不同的站法？

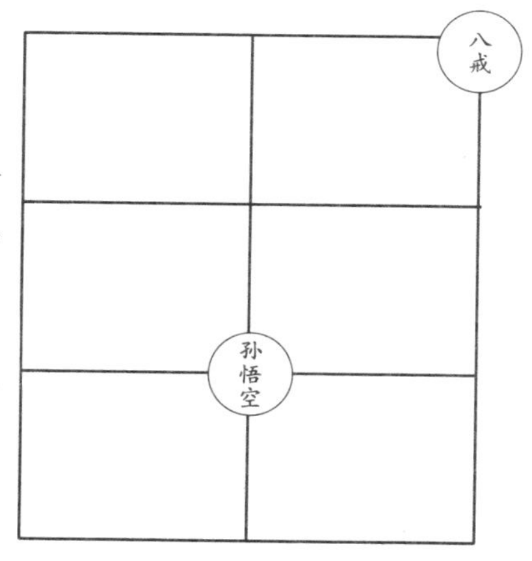

# 八戒除妖

“八戒，你安心睡吧！再见了！”酷酷猴刚想走，猪八戒急忙拦住他。

猪八戒说：“咱俩不能说拜拜。你还要和我一起去除妖呢！”

“除妖？”酷酷猴摇摇头，说，“我不会法术，怎么和你一起去除妖？”

“你会数学就成！”猪八戒拉着酷酷猴，往天上一指，说，“刚才我看见一片黑云飘来，上面站着许多小妖。黑云飘到了前面的山头，有$\frac{1}{3}$的小妖下了黑云，其中男妖比女妖多 2 个。”

“下来的小妖奔哪儿去了？”酷酷猴有点儿紧张。

“你听我说呀！”猪八戒见多识广，反倒不紧不慢了，“有下的就必然有上的，然后又上去几个小妖，上去的是留在黑云上的小妖数的$\frac{1}{3}$，上去的女妖比男妖多 2 个。”

酷酷猴忙问：“这时你数过黑云上有多少小妖吗？”

“数啦！黑云上这时还有 32 个小妖，其中男妖、女妖各一半。”

“你想知道什么？”

猪八戒说：“我就想知道最初黑云上有多少小妖，其中有多少男妖、多少女妖。”

“小妖又上又下，有男有女，真够复杂的！”酷酷猴说，“不过没关系，我用倒推法分两次给你算。”

“分几次都没关系，只要能算出来就行。”

“先算从黑云上面下去几个小妖后，新的小妖上去前黑云上的小妖数。”

“怎么算？”猪八戒也产生了兴趣。

酷酷猴说："我把这时的小妖数设为1。由于后来又上去了$\frac{1}{3}$，黑云上的小妖变成了$1+\frac{1}{3}=\frac{4}{3}$。这$\frac{4}{3}$是32个，可以求出新的小妖还没上去时，黑云上的小妖数为$32\div\frac{4}{3}=24$（个）。"

猪八戒忙问："几男？几女？"

酷酷猴说："$32-24=8$（个），这说明上去了8个小妖。而上去的小妖里，女妖比男妖多2个。可以肯定，8个中有5个女妖，3个男妖。"

"我也学着算吧！"猪八戒说，"32个小妖中男妖、女妖各一半，女妖有16个，上去了5个女妖才有16个，说明在24个小妖中，女妖有$16-5=11$（个）。男妖就是$24-11=13$（个）。"

"算得好！"酷酷猴夸奖说，"人们都说猪的脑子笨，但我看八戒够聪明的！"

"多谢夸奖！"猪八戒问，"可是最初黑云上有多少妖怪？其中有多少男妖，多少女妖呢？我还是不知道啊！"

"别着急，咱们接着算。"酷酷猴说，"我还是设最初的小妖数为1。"

"慢！"猪八戒拦住酷酷猴，"你刚才已经设了1，怎么这儿又设1？"

酷酷猴解释："我设的这个1，其实是1份的意思。

从黑云上下去了$\frac{1}{3}$的小妖，黑云上还有多少小妖？”

猪八戒想了一下：“嗯——我知道了，刚才算出来黑云上的小妖有 24 个，其中男妖 13 个，女妖 11 个。”

酷酷猴说：“对！下去了$\frac{1}{3}$的小妖，黑云上还剩$1-\frac{1}{3}=\frac{2}{3}$，这$\frac{2}{3}$是 24 个小妖，最初的小妖数是$24\div\frac{2}{3}=36$（个）。”

猪八戒问：“那最初的男妖、女妖各有多少呢？”

“$36-24=12$，说明下去了 12 个小妖。而这 12 个小妖中，男妖比女妖多 2 个。可以知道男妖 7 个，女妖 5 个。”

猪八戒赶紧说：“我会算了！最初男妖有$13+7=20$（个），女妖有$11+5=16$（个）。还是男妖比女妖多。”

酷酷猴有点儿不明白：“八戒，你为什么如此关心女妖的数量？”

猪八戒有点儿不好意思：“我见了女妖就胆小，我打不过女妖！这次你去消灭那 16 个女妖，我去对付那 20 个男妖！”

猪八戒说完，拿着钉耙就去追赶妖精：“20 个男妖给我留下，我一耙一个，把你们都耙成筛子！”

女妖们问猪八戒：“那谁和我们过招儿？”

猪八戒一指：“你们去找那个酷酷猴！”

女妖们一声怪叫，齐奔酷酷猴：“快来受死！”

酷酷猴一捂脑袋：“哇，我怎么办哪？硬着头皮上吧！”

# 边打边换

酷酷猴刚和女妖交上手，猪八戒就慌慌张张地跑来：“不好啦！小师兄救命！”

只见猪八戒身后有一个四手怪追来，四只手分别拿着宝剑、砍刀、狼牙棒、大锤。四手怪大叫：“猪八戒，你往哪里走！”

酷酷猴不解：“八戒，你那么大本领，会打不过他？”

猪八戒抹了一把头上的汗：“如果他好好跟我打，他哪里是俺老猪的对手！可是他边打边换手里的武器。你看，他现在四只手拿武器的顺序是宝剑、砍刀、狼牙棒、大锤。我和他打上一场你再看！”

猪八戒迎上前去，抡耙就打：“四手怪，吃俺一耙！”

四手怪叫道：“看我的变化！”霎时间，四手怪四只手拿武器的顺序变成了狼牙棒、宝剑、大锤、砍刀。

猪八戒说：“他这一换顺序，我的眼就有点儿花，头就有点儿晕！他四件武器一起上，我就不知道对付哪件武器好了！”正说着，猪八戒的腿上就被大锤狠狠砸了一下，他“哎呀”一声，倒在了地上。

四手怪不断变换四只手拿武器的顺序：“我四只手拿武器的顺序变化无穷，直到让你猪八戒晕死为止！哈哈！”

猪八戒忙对酷酷猴说：“小猴哥，你快给算算，这四手怪四只手拿武器的顺序，真是变化无穷吗？”

酷酷猴说：“可以算出来。为了简化问题，可以先让他第一只手固定拿着宝剑，而让其他三只手变换拿法：

| | 第一只手 | 第二只手 | 第三只手 | 第四只手 |
|---|---|---|---|---|
| ① | 宝剑 | 砍刀 | 狼牙棒 | 大锤 |
| ② | 宝剑 | 砍刀 | 大锤 | 狼牙棒 |
| ③ | 宝剑 | 狼牙棒 | 砍刀 | 大锤 |
| ④ | 宝剑 | 狼牙棒 | 大锤 | 砍刀 |
| ⑤ | 宝剑 | 大锤 | 狼牙棒 | 砍刀 |
| ⑥ | 宝剑 | 大锤 | 砍刀 | 狼牙棒 |

这时有六种拿法。”

猪八戒的脸色由多云转晴：“咳，才六种拿法，不多，不多！”

酷酷猴提醒：“这只是在第一只手拿着宝剑固定不变的条件下，有六种拿法。”

猪八戒忙问：“如果第一只手不固定拿着宝剑呢？”

酷酷猴说：“第一只手固定拿砍刀又六种，固定拿狼牙棒又六种，固定拿大锤又六种。一共有 $6\times4=24$（种）。”

猪八戒来了精神：“只要他的变化有数，我就不晕。四手怪，看我的变化！长！”猪八戒忽然又长出两只手，四只手拿着四把钉耙，和四手怪的四件武器一对一地打在了一起。

突然，猪八戒一用力，把四手怪的四件武器全钩了过来：“你别瞎换喽，都给我过来吧！”

四手怪大惊：“啊，我的家伙全没了！”

趁四手怪愣神的工夫，猪八戒赶上去就是一耙：“吃俺老猪一耙！”猪八戒打死了四手怪。

猪八戒晃了晃脑袋：“20 个男妖，我打死了 1 个，还剩多少个？”

酷酷猴乐弯了腰：“哈哈，八戒，你是打晕了吧？20 减 1 这么简单的减法都算不出来？还剩 19 个呀！”

猪八戒一本正经地问：“我要把这 19 个小妖平均分成四等份，每份几个小妖？”

“这——”酷酷猴愣了一下，“如果不把其中的 1 个小妖劈成四等份，是没法儿分的。”

猪八戒摇头晃脑地说：“我有一个习惯，必须把小妖平均分成四份，一份一份地消灭！你要是算不出来，这些小妖可全归你啦！”

酷酷猴眼珠一转：“按每份 5 个算，你打吧！”

“好嘞！杀——”猪八戒和 5 个小妖战在了一起。打死 5 个小妖，再去找另外 5 个小妖。不一会儿，小妖死伤一地，最后只剩下 4 个男小妖。

猪八戒问：“这最后一组怎么只有 4 个男小妖了？4 个我怎么打？”

酷酷猴说："没关系，我给你补上 1 个女妖，就正好 5 个了。"

猪八戒一听，说："什么？女妖？我的妈呀！"说完，撒腿就跑。

# 智斗蜘蛛精

猪八戒没跑几步，就被蜘蛛精、狐狸精、老鼠精、蛇精四个女妖围在了中间。

蜘蛛精尖声叫道：“大耳朵和尚，你往哪里走！”

猪八戒大吃一惊：“啊，四个女妖！”只见四个女妖排成一个方阵，把猪八戒围在中央，各持武器齐攻猪八戒。

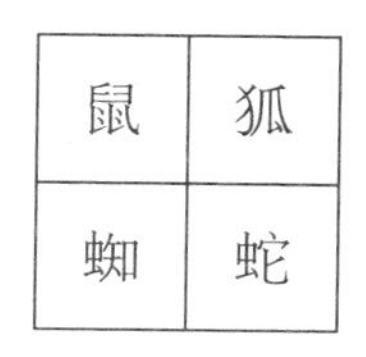


蛇精大喊：“杀死猪八戒，吃红烧猪肉！”

“吃俺老猪的肉就罢了，竟然还要红烧一下。”猪八戒生气了，“俺老猪是不愿意和你们这些女妖斗，难道还真怕你们不成？看耙！”

看到猪八戒的钉耙砸来，蜘蛛精喊道：“姐妹们，变阵！”

另外三个女妖齐声答应：“是！”四个女妖的位置发生了变化。

| 蜘 | 蛇 |
| --- | --- |
| 鼠 | 狐 |

蜘蛛精又喊："姐妹们，变！变！变！"四个女妖的位置不断变化，猪八戒捂着脑袋，高叫："哎呀！晕死我了！"他败下阵来，拖着钉耙来找酷酷猴。

"八戒，不要怕！这四个女妖谁是头儿？"

"发号施令的是蜘蛛精！"

"擒贼先擒王，你集中力量打蜘蛛精！"

听到打蜘蛛精，猪八戒来了脾气："你站着说话不腰疼！这四个女妖乱换位置，我哪里知道蜘蛛精会在哪个位置？"

酷酷猴说："她们的位置看似变化无穷，其实是有规律的。八戒，你再去和她们战上几个回合。"

猪八戒极不情愿地前去战斗："我一喊'晕'，你可得马上来救我！"

酷酷猴点头："你一晕就下来。"

猪八戒抡起钉耙直奔四个女妖杀去："我老猪吃了抗晕药了，再和你们大战三百回合！看耙！"猪八戒又和四个女妖战在了一起。

蜘蛛精下令："姐妹们，准备变阵！变！变！变！"

女妖又开始不断变阵，酷酷猴在一旁记录着。

猪八戒又有点儿招架不住，他喊着：“小猴哥，你快点，我又犯晕啦！”他拖着钉耙败下阵来。

酷酷猴扶住猪八戒，说：“你没白晕，我找到她们的变化规律了！”

酷酷猴拿出画的图给猪八戒讲：“为了方便研究，我把每个位置都编上一个号，她们是这样变化的。”

| 1 | 2 |
| --- | --- |
| 3 | 4 |

猪八戒摇晃着脑袋：“看不懂！”

酷酷猴解释说：“蜘蛛精刚开始时在 3 号位置，她的变化规律是 3 → 1 → 2 → 4 → 3。她是按顺时针方向转动，每变化四次又回到原来的位置。”

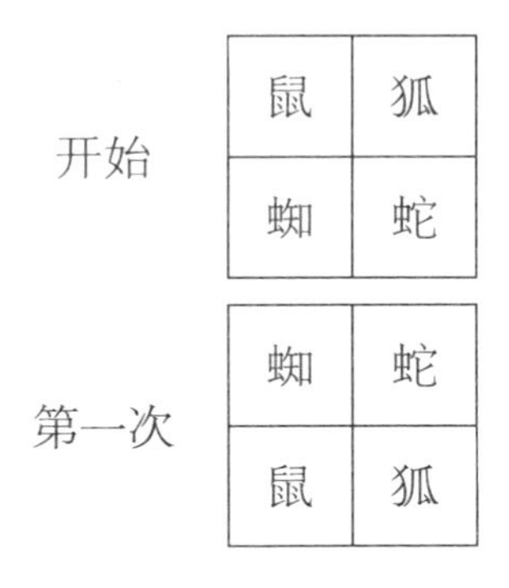

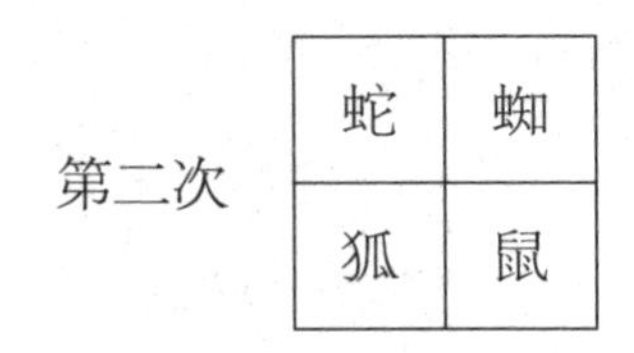


猪八戒两手一摊："找到规律有什么用啊？她们一变阵，我还是不知道蜘蛛精在哪儿呀！"

酷酷猴说："你把四个位置的号码记住，她们每变一次阵，你就喊一次，我让你往哪个位置上打，你就往哪个位置上打！怎么样？"

"行！"猪八戒又和四个女妖打在了一起。

猪八戒边打边喊："一次变阵——二次变阵……十次变阵。"

酷酷猴忙喊："往 2 号位置上打！"

猪八戒狠命往 2 号位置打了一耙："蜘蛛精看耙！"

只听蜘蛛精一声惨叫，被打死了。其他女妖见头儿已死，一哄而散。

猪八戒拍着酷酷猴的肩头："小猴哥，你还真有两下子！你是怎么算的？"

酷酷猴说："她们四次为一个循环。蜘蛛精的位置变化规律是：变一次时在 1 号位置，变两次时在 2 号位置，变三次时在 4 号位置，变四次时在 3 号位置……"

猪八戒又问："你怎么知道第十次变阵时，蜘蛛精准在 2 号位置？"

"在她变到第十次时，我就做了一个除法：$10 \div 4 = 2 \cdots\cdots 2$。余数是几，她就准在几号位置！"

猪八戒一挑大拇指："小猴哥办法真高！"

知识点解析

## 奇妙的余数

故事中，四个女妖变换位置对付猪八戒，酷酷猴利用她们变化的周期规律，算出变十次后余数是几，就找到了蜘蛛精的位置。看来余数还有很大用途呢，我们如果能灵活运用余数，可以解决生活中许多实际问题。有余数的除法关系为：被除数 ÷ 除数 = 商……余数。

考考你

酷酷猴对八戒说："我来考考你。从山脚到山顶共 999 级台阶，每个台阶上都有一个数字 3，把这些 3 连乘起来 $\underbrace{3\times3\times3\times\cdots\times3}$，你知道积的末位数字是几吗？"猪八戒算了算：$3\times3\times3\times3\cdots\cdots$，算得头昏眼花也没有算出来，你能帮八戒算一算吗？

# 蜘蛛精报仇

猪八戒拉住酷酷猴的手，说："小猴哥，谢谢你的帮忙！"

"能和大名鼎鼎的天蓬元帅猪八戒认识，也是我酷酷猴的福分。我还有事，八戒再见啦！"就这样，酷酷猴和猪八戒分手了。

猪八戒扛着钉耙，嘴里哼着小曲独自往前走："打死妖精多快活！啦啦啦！再找点好吃的多美妙！啦啦啦！"

突然，一只大蜘蛛精拦住了八戒的去路："该死的猪八戒，竟敢打死我的爱妻！拿命来！"

"哈，我打死一只母蜘蛛精，又来了一只公蜘蛛精。我就做做好事，让你和你老婆做伴去吧！看耙！"八戒和公蜘蛛精打在了一起。

两人大战了有一百回合，八戒渐渐不是蜘蛛精的对手。

八戒心想：我只长了两只手，你却长有八条腿，我是顾得了上顾不了下，顾得了左顾不了右呀！

"三十六计，走为上计！"八戒虚晃一耙，转身就跑。

公蜘蛛精在后面紧紧追赶。

猪八戒跑得气喘吁吁。突然，几只蜻蜓精迎面而来，个个都有三层楼高，堵住了八戒的去路。

蜻蜓精大喊：“猪八戒，你往哪里走！”

八戒大吃一惊：“呀，这么大个儿的蜻蜓！我换条路跑。”然而在另一条路上，几只蝉精又拦住了八戒的去路：“此路也不通！”

八戒边跑边叫：“小猴哥救命！”

公蜘蛛精说：“别说小猴哥，就是叫大猴哥也没用啦！”蜘蛛精、蜻蜓精、蝉精向猪八戒形成围攻之势。

也是八戒命不该绝，酷酷猴正好在附近的一个山洞里，他一把把八戒拉进山洞里：“八戒，快到这儿来！”酷酷猴分析道：“蜘蛛、蜻蜓、蝉都怕鸟。我们必须请鸟来帮忙！”

八戒连忙说：“对对对，咱们快点儿请鸟来吧！”

酷酷猴说：“你先得告诉我有多少只蜘蛛精，多少只蜻蜓精和蝉精。我好决定请多少只不同种类的鸟来吃他们。”

八戒想了想：“我只记得这三种妖精总共是 18 只，共有 20 对翅膀，118 条腿。”

“我来算算。蜘蛛有 8 条腿，蜻蜓有 6 条腿、2 对翅膀，蝉有 6 条腿、1 对翅膀。”酷酷猴开始计算，“假设这 18 只都是蜘蛛精，应该有 $8 \times 18 = 144$（条）腿。实际腿数少了 $144 - 118 = 26$（条），蜻蜓和蝉比蜘蛛少 2 条腿，$26 \div 2 = 13$，说明 18 只中有 13 只是蜻蜓或蝉。”

八戒也一起算：“$18 - 13 = 5$，这里有 5 只蜘蛛精，对不对？”

“对！假设这 13 只都是蜻蜓精，应该有 $2 \times 13 = 26$（对）翅膀。”

八戒抢着说：“实际上只有 20 对翅膀，每只蜻蜓精比蝉精多出一对翅膀，$26 - 20 = 6$，说明其中有 6 只是蝉精。$13 - 6 = 7$（只）蜻蜓精！”

酷酷猴点点头：“对！八戒数学有长进！”

酷酷猴用手做喇叭状，向天空叫喊：“噢——噢——鸟儿快来呀！”

呼啦啦，天空中飞来了一大群鸟。

为首的凤凰招呼同伴：“这有蜘蛛、蜻蜓、蝉，都是好吃的！快吃呀！”

众鸟呼应：“吃呀！吃呀！”

公蜘蛛精长叹一声：“完了，克星来了！”没一会儿，蜘蛛精等就被消灭了。

# 分吃猪八戒

猪八戒正高兴呢，没想到逃得了初一，躲不过十五：这个山洞的另一端正是一胖一瘦两只狼精的巢穴。

瘦狼精心中窃喜：嘻！肥头大耳猪八戒。

胖狼精咽进一口口水："一顿美餐！"

胖狼精趁八戒不注意，一把将他拉进了山洞："乖乖，跟我进来吧！"

八戒高喊："小猴哥救命！"

"八戒！"酷酷猴刚想出手相救，瘦狼精就把洞口的门关上了，还说："请留步，猴子太瘦，白送我们都不吃！"

胖狼精把八戒捆在石柱上，瘦狼精在大锅里烧开水。

胖狼精催促说："老弟，快烧水，好炖猪肉啊！"

瘦狼精点点头："好的！我也饿着呢！"

八戒战战兢兢地问："你们俩是准备一次把我都吃了，还是分几次吃？"

胖狼精捋了一下袖子："过过瘾，一次吃完算啦！"

瘦狼精却不同意："别那么奢侈啊！好日子也不能一

天过了，咱俩第一次多吃点，吃他的一半再多 5 千克。第二次少吃点，吃剩下的一半再少 10 千克。最后还要剩下 75 千克。”

胖狼精摇摇头：“你真抠门儿！那第一次咱们能吃多少肉啊？”

“我算算。”瘦狼精说，“必须先求出猪八戒有多重。”

“怎么算？”

瘦狼精说：“要用倒推法，从后往前算。第二次吃完还剩下 75 千克肉，那么第一次吃完还剩下多少呢？剩下 $(75-10)\times 2=130$（千克）。”

胖狼精有点儿傻，他问："为什么这样做？我不明白。"

瘦狼精解释："由于'第二次是吃第一次剩下的一半再少10千克，最后才剩下了75千克'，因此，这75千克一定比第一次剩下的一半多出10千克。从75千克中减去10千克，必然是第一次剩下的一半。"

胖狼精有些明白了："把这一半再乘2，就是第一次吃剩下的了。"

瘦狼精接着算："猪八戒有多重呢？由于130千克比猪八戒的一半重量还少5千克，所以猪八戒的重量是（130+5）×2=270（千克）。"

胖狼精掰着手指算："这么说，第一次吃135+5=140（千克），第二次吃65−10=55（千克），最后剩下75千克。"

瘦狼精说："就是这么一笔账！"

胖狼精有个问题："咱们算出猪八戒有270千克，他有那么重吗？"

瘦狼精十分肯定地说："我看只重不轻。"

瘦狼精接着烧开水，胖狼精继续磨刀。

酷酷猴在洞外敲门："快开门！快放出猪八戒！"

瘦狼精朝外面喊："小猴子，老实在外面等着，待会儿赏你几根猪毛尝尝！"

胖狼精笑着说："哈哈！吃猪毛？别有一番味道！"

酷酷猴一看叫门没用，转身就走："你们俩等着，我找老熊去！"

胖狼精听说找老熊，心里一惊："不好！老熊身强体壮，咱俩这洞门，他一撞就开！"

八戒听了可高兴了："哈！只要老熊撞开门，我就有救啦！"

瘦狼精眉头一皱："别慌！老熊有勇无谋，我们只能以智取胜！"

胖狼精问："怎么个以智取胜法？"

瘦狼精先写出一个除法式子，然后说："你看，这'密'字是一位数字。"

瘦狼精接着说："只有老熊解出这个'密'字代表哪个数字，才能进洞！"

$$\begin{array}{r}
\text{密密} \\
\text{密密}\overline{)\text{密}\ 2\ \text{密}} \\
\underline{\text{密密}\phantom{\text{密}}} \\
\text{密密} \\
\underline{\text{密密}} \\
0
\end{array}$$

胖狼精一竖大拇指："好主意！老熊的数学还不如

我呢！”

酷酷猴引着老熊来到洞前，说：“猪八戒就在洞里。”

老熊刚要撞门，但一看到洞门上的除法算式就傻了。

# 救出猪八戒

老熊摇头说：“我有劲儿，可是不会解数学题。”

“我来解。”酷酷猴指着除法算式解释，“这个‘密’字到底代表哪个数字，必须通过计算才能知道。”

$$
\begin{array}{r}
\text{密密} \\
\text{密密}\,\big)\overline{\text{密}\,2\,\text{密}} \\
\underline{\text{密密}\phantom{\text{密}}} \\
\text{密密} \\
\underline{\text{密密}} \\
0
\end{array}
$$

老熊说：“你来算，我看着。”

酷酷猴问：“你说，最后余数为 0 说明什么？”

老熊摇摇头：“不知道。”

酷酷猴解释：“这说明三位数‘密 2 密’可以被两位数‘密密’整除，商是‘密密’。”

老熊摇晃着脑袋说：“这都是什么乱七八糟的，都把我‘密’糊涂了！”

酷酷猴很有耐心，他在地上边写边说：“根据乘法和除法互为逆运算的道理，有密密 × 密密 = 密2密。这里‘密’字最大只能取3。”

老熊的熊劲儿上来了：“如果我偏要取4，会怎么样？”

“上面的乘法是两个两位数相乘，得一个三位数。如果这两个乘数的十位数都是4，乘积必然是四位数了。”

老熊点头：“对，四位数就不是‘密2密’了。”

酷酷猴开始具体算：“我先试试‘密’字取3怎么样，$33 \times 33 = 1089$。”

老熊连连摇头：“不成，不成！这里出现了四位数了。”

“再试‘密’字取2，$22 \times 22 = 484$。”酷酷猴说，“这

个也不成，因为两个乘数都是 22，而乘积是 484，这里 2 和 4 不一样啊！ 4 不是‘密’字。”

老熊说：“就剩最后一个 1 了。”

“$11 \times 11 = 121$，嘿，这个成了！”酷酷猴高兴得跳了起来。

“哈哈，终于成功啦！”老熊用 1 替换除法算式中的“密”字，得：

$$
\begin{array}{r}
11 \\
11\overline{)121} \\
\underline{11\phantom{1}} \\
11 \\
\underline{11} \\
0
\end{array}
$$

老熊一推门，山洞门就开了。

酷酷猴忙说：“快进去救八戒！”

胖狼精一看老熊闯了进来，双臂用力一伸，大喊一声：“呀——呀——长！”胖狼精变成一只巨狼，张口来咬：“我吞了你们！”

老熊也不含糊：“难道我还怕你不成？长，长，长！”老熊也长成一个顶天立地的巨熊。

巨熊大吼：“吃我一拳！”把巨狼打翻在地。

胖狼精大叫："哎呀！我再胖也没用！"

瘦狼精心想：胖狼精都不是老熊的对手，我更不成！赶紧溜吧！呀——呀——缩！瘦狼精变成一只小狼，企图溜走。

老熊早就看在眼里："你就是变成耗子大小，也别想跑！"老熊伸手把变小的瘦狼精抓在手中。

瘦狼精直蹬腿："熊爷爷饶命！"

老熊用力往地上一摔，把瘦狼精摔晕在地。

酷酷猴赶紧救下八戒。

八戒感谢老熊："要不是老熊和小猴哥来救我，我上半段已经被他们吃了，下半段还要等着他们第二次吃，中段给他们腌起来慢慢吃。"

酷酷猴哈哈大笑："八戒，你算逃过一劫了，咱们还是再见吧！"

八戒说："恐怕待不了一会儿，我还得叫你！"

知识点解析

## 算式谜

故事中，除法算式中的数字几乎都是一个汉字——“密”，要使这个除法算式成立，就必须破解“密”是多少。因为密密×密密=密2密，这里的“密”不可能大于4（如果两个数十位是4，那么其乘积必定是四位数），密<4，从而缩小了“密”的取值范围，然后采用尝试法试验求解，得出 $11\times11=121$。

破解算式谜，解题一般有三个步骤：审题——选择突破口——试验求解。审题要找到解题的关键，包括数据、数位的特点以及结果，有时候要经过反复试验才能求得解。

考考你

“猪”“八”“戒”“懒”这四个字分别代表哪四个数字呢？

```
      八 戒
    八 戒 懒
+ 猪 八 戒 懒
―――――――――――
  2  0  0  8
```

# 四猪比高低

八戒扛着钉耙、哼着小曲在路上走着："没被老狼吃掉多快乐，多呀多快乐！"

突然，八戒闻到阵阵香味，肚子立刻发出咕噜咕噜声。八戒吸了吸鼻子："哎，哪来的香味？真香啊！我肚子饿极了。"

八戒往四周张望，发现三只猪精正围在一起烤一只兔子。一只是长有獠牙的野猪精，一只是花猪精，一只是白猪精。

八戒咽了咽口水，凑了过去："嘿，烤兔肉，好香啊！"

野猪精回头看了一眼猪八戒，说："香也不给你吃！"

八戒一听没自己的份儿，心里十分不快，他和三只猪精理论："我乃赫赫有名的猪八戒！你们没听说过'见面分一半'吗？"

没等猪八戒说完，花猪精就说："分一半？美得你！这么一只小兔子，我们三个还没法分哪！你来算老几啊！"

八戒眼珠一转，心想还是先礼后兵："你说得在理！

这么一只小兔子分成几份，每人吃那么几口，只能勾出馋虫来！”

白猪精问：“那你说怎么办？”

八戒说：“我有个好主意！咱们四个来比试比试，每两人之间都要比试一次，不许战平，谁胜的场次最多，谁就是猪王，这只烤兔子当然应该给猪王吃啦！”

“好主意！我正手痒痒，就拿你练练手吧！看钩！”野猪精抽出虎头双钩，直奔八戒杀去。

八戒说了一句：“来得好！烤兔子归我喽！”举起钉耙迎了上去。

“杀！”“杀！”八戒和野猪精、花猪精和白猪精捉对厮杀，直杀得天昏地暗。

打了有一个时辰，八戒渐渐不是野猪精的对手，八戒赶紧喊了一声：“换！”八戒又和花猪精、野猪精又和白猪精杀在了一起。

野猪精端着虎头双钩，朝天大笑：“哈哈！猪八戒被我打败了！”

又战了有一个时辰，野猪精让大家住手：“停！咱们一对一的都打完了，要算一算谁胜的场次最多呀！”

八戒累得直喘气，巴不得歇会儿：“对！算完了好吃烤兔子肉啊！”

野猪精神气十足地说："反正我是战胜猪八戒了！"

白猪精想了想："我记得野猪、花猪和我胜的场次相同。"

花猪精双手一摊："可是咱们四个谁会算哪？"

八戒凑前一步："咱们四个是傻大黑粗的笨家伙，谁也不会算。可是我有一个小猴哥，嘿，那数学就别提有多棒了！我这就叫他来。"

八戒扯着脖子喊："酷酷猴！小猴哥！你快来，我有要紧事找你！"

没过多会儿，酷酷猴从树上跳了下来："八戒，什么事？是不是又遇到妖精啦？"

"既是妖精又是同类。"八戒说，"请你帮忙给算一算，我们四个谁胜的场次最多。"

酷酷猴一边听他们说战斗的结果，一边在地上画图。

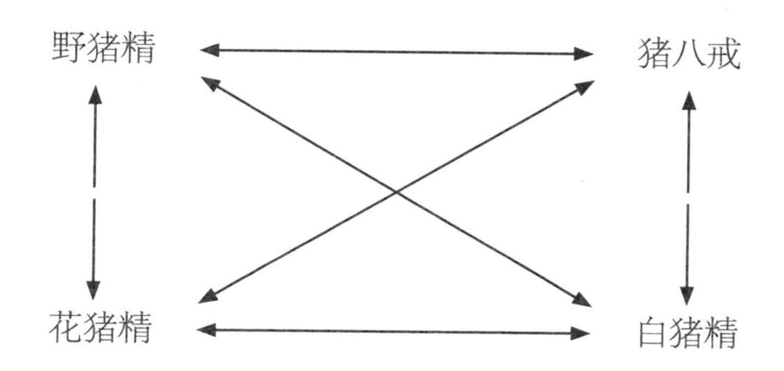

酷酷猴指着图说："从图上可以看出来，你们一共比试了 6 场。"

酷酷猴接着分析："由于你们每人都要比试 3 场，因此每人获胜的场次可能是 0 场、1 场、2 场、3 场。"

野猪精点头："对！"

八戒却着急："你快说说我胜了几场吧！"

酷酷猴回答："已知你已经败给了野猪精一场，所以你获胜的场次只能是 2 场、1 场或 0 场。"

八戒一扬头："我一定是胜了 2 场！"

酷酷猴继续分析："由于比试了 6 场，又规定不许战平，因此有 6 场胜利。如果你八戒胜了 2 场，那他们三个一共胜了 4 场，可是他们胜的场次相同，而 4 又不能被 3 整除，所以你胜 2 场是不可能的。"

八戒有点儿不服："就算我没胜 2 场，那也肯定胜了 1 场！"

"你如果胜 1 场，那他们一共胜了 5 场，5 也不能被 3 整除啊！结论只能有一个，你胜了 0 场，也就是说，你全败！"

八戒听说自己一场没胜，眼珠一转："就算一场没胜，烤兔子也要归我！馋死我啦！"说完，拿起烤兔子撒腿就跑。

野猪精急了："他抢兔子，追！"三只猪精在后面紧紧追赶。

# 早点上西天

酷酷猴和猪八戒一起逃跑，八戒边跑边吃烤兔子："烤兔子真香！你来一口。"

酷酷猴摇摇头："我不吃。听人家说，你八戒功夫不错啊，怎么会打不过三只小小的猪精？"

八戒一脸苦相："我肚子里没食啊！你没听说'猪是铁，饭是钢'吗？"

"不对！是'人是铁，饭是钢'！你吃多少个馒头才能打败他们？"

"有馒头？我吃不了多少！我先吃24个，再吃37个，吃15个，吃16个，吃45个，最后用13个馒头溜溜缝儿，就差不多了！"

酷酷猴大吃一惊："真是世界头号饭桶！我算算你要吃多少个馒头吧！

$$24+37+15+16+45+13$$
$$=(37+13)+(24+16)+(15+45)$$

$$=50+40+60$$

$$=150（个）。”$$

“才150个，不多！吃个半饱！唉，你刚才做加法时，为什么要加上三个括号呀？”

“我用的是‘凑十法’，把能凑成10的两个数放在一起计算，这样算起来容易。八戒，你等着，我去给你找馒头去。”说着，酷酷猴一晃，就没影了。

过了一会儿，酷酷猴赶着一辆驴车，拉来一车馒头：“车上是200个馒头，你敞开吃吧！”

八戒大嘴一咧，大拇指一竖：“小猴哥，真是好兄弟！我就不客气了，吃！”

吭哧吭哧，转眼工夫，八戒把一车馒头都吃了。

八戒抹了抹嘴，打了一个饱嗝：“200个馒头进肚子了，我要把三只小猪精打个屁滚尿流！小猪精快来受死！”

这时，三只猪精也赶到了。不过，他们还搬来了救兵——一只狼精，一只黑熊精。

野猪精指着猪八戒叫道：“还我们的烤兔子！”

八戒拍拍自己的大肚子：“嘿嘿，烤兔子早进到我的肚子里了！你到我肚子里去取吧！”

野猪精一挥手：“弟兄们，上！”五个妖精把八戒和酷酷猴团团围住。

八戒高举左手，喝道："慢！我要让小猴哥给我算算，我怎么打才能使你们等死的时间最少，也好让你们个个都快点上西天哪！"

听了猪八戒的话，酷酷猴有点儿憋不住乐："八戒，你先要告诉我，你消灭这五个妖精各需要多少时间？"

"我算算。"八戒一本正经地算了起来，"我打死野猪精、花猪精、白猪精分别需要 10 分钟、12 分钟、15 分钟。狼精嘛，需要 20 分钟。黑熊精个儿大，最费事儿，我要 24 分钟才能把他打死！"

"按着下面的顺序打最省时间。"酷酷猴说，"野猪精、花猪精、白猪精、狼精、黑熊精。"

八戒点点头说："我看出来了。让死得快的妖精尽量往前排，这样等死的总时间才可能最少！"

酷酷猴夸奖说："八戒聪明！"

八戒抡起钉耙，直奔野猪精砸去："我开始送你们上西天喽！杀！"

野猪精大嘴一撇："手下败将，竟敢口出狂言！打！"

酷酷猴在一旁计时："10 分钟到！"

八戒大喝一声："野猪！吃爷爷的'搂头盖顶'！"一钉耙打死了野猪精。

酷酷猴又喊："12 分钟到！"

八戒说："小花猪乖乖，吃我个'横扫千军'吧！"一耙横扫过去。

花猪精惨叫一声："哇，完啦！"

吃饱了的猪八戒，越战越勇，把五个妖精全部打死了。

酷酷猴笑着说："五个妖精一个也没活下来！"

八戒嘿嘿一笑："小菜一碟，对了，我要快点儿走，有人请我吃饭哪！"

知识点解析

## 合理安排时间

故事中，八戒说要让妖精们等死的时间最少，快点让他们上西天，这就涉及等候时间问题。消灭妖精的时间总和是不变的，$10+12+15+20+24=81$，让死得快的妖精尽量往前排，这样妖精等死的总时间才可能最少。合理安排时间是一种提高工作效率的科学的方法，我们要学会在尽可能节省人力、物力和时间的前提下，争取取得最理想的效果。

考考你

唐僧师徒吃了蜈蚣精的毒枣后中了毒，分别来找神医解毒。唐僧解毒需要12分钟，八戒解毒需要30分钟，沙僧解毒需要25分钟，孙悟空解毒需要7分钟，怎样合理安排，才能使他们解毒的总时间最少？（包括等候时间）

# 八戒买西瓜

酷酷猴问猪八戒："谁请你吃饭？"

八戒乐呵呵地说："牛魔王！老牛！如果饭菜好，我会请你去的。拜拜！"八戒和酷酷猴挥手告别。

猪八戒腾云驾雾，只一会儿的工夫就来到牛魔王的住所芭蕉洞，牛魔王和铁扇公主在洞口迎接。

牛魔王问候说："哈，八戒老弟，近来可好？"

"好，好。牛兄、牛嫂都好！"猪八戒想赶紧吃饭，自己率先进了洞。

还没等坐下，八戒就问："今天请我吃什么？"

牛魔王知道猪八戒的饭量，忙说："全是好吃的！管饱！"

八戒搓着双手："可是我来得匆忙，什么礼物都没带，吃白饭不大好意思。"

牛魔王说："咱们兄弟还客气什么？这样吧！你嫂夫人喜欢吃西瓜，你去买 1000 个西瓜吧！"

听了牛魔王的话，铁扇公主站起来阻拦："大王，此事不可！谁都知道八戒粗心大意，这1000个西瓜让他运，回来不会剩几个好的。”

八戒有点儿不高兴：“嫂夫人，你也太看不起八戒了！我敢写军令状，如果西瓜损坏严重，八戒情愿受罚！”

铁扇公主也寸步不让：“好！咱们就写军令状！由牛魔王代劳。”

牛魔王很快就写出军令状：

军令状

八戒去买西瓜1000个，凡运回1个完整的西瓜，奖励猪肉馅儿包子1个。如果弄坏1个西瓜，不但不奖励1个猪肉馅儿包子，还要赔偿4个猪肉馅儿包子。

猪八戒

八戒看了军令状直摇头：“我说老牛，把猪肉馅儿包子换成别的包子馅儿，成不成？我不能自己吃自己呀！”

“好说，换成羊肉馅儿包子吧！”

八戒赶着一大队牛车，满载西瓜在山路上行进。八戒对牛吆喝：“都给我拉得平稳点！谁不好好拉车，回去我就改吃牛肉馅儿包子啦！”

一头牛央求：“猪八戒，千万别把我们宰了做牛肉馅儿！”

这头牛一紧张，车子一歪，几个西瓜滚了下去，八戒赶紧去扶车。

八戒大叫：“我的西瓜呀！这是怎么说的？我说要出事来着！”

骨碌骨碌，啪！西瓜都摔碎了。

八戒心疼得直跺脚：“我说牛呀牛！你摔的不是西瓜，是羊肉馅儿包子！你靠边！我自己拉还稳当点！”八戒亲自拉车。

这头牛不服气：“你自己拉？那样摔的西瓜会更多，你回去恐怕要改吃猪肉馅儿包子啦！”

八戒一听，大怒：“大胆！敢吃猪爷爷的肉！”他一挺身，骨碌骨碌，啪！啪！又有几个西瓜滚下车摔坏了。

拉车的其他牛都笑了：“哈哈！他摔的西瓜更多！”

八戒愤愤地说：“你们等着，回去我再跟你们算账！”

拉西瓜的车队经历了千辛万苦，终于到了芭蕉洞洞口，八戒冲洞里喊：“牛哥，牛嫂，快来搬西瓜吧！”

牛魔王和铁扇公主迎了出来：“嘿！八戒还真成，没把西瓜都摔了！”

八戒抹了一把头上的汗：“嫂子给我数数，我摔了多少西瓜，我能吃到多少包子。”

“我来数！”铁扇公主认真数了一遍，“西瓜我数过了，我只告诉你可以吃到 895 个羊肉馅儿包子。但你必须告诉我，你一共摔坏了多少个西瓜，说不出来的话，一个包子也别想吃！”

“啊！”八戒立刻傻眼了，没别的办法，只能找酷酷猴来帮忙。

八戒又开始呼叫酷酷猴：“小猴哥快来呀！我这儿出事啦！”

酷酷猴果然又出现了：“八戒，出什么事啦？”

八戒噘着嘴说：“算不出摔坏的西瓜数，就不给我包子吃！”

“放心，一定让你吃上包子。”酷酷猴开始计算，“可以用假设法来解：假设一个西瓜也没摔坏，你应该得到 1000 个包子。实际上你少得了 $1000-895=105$（个）包子。你摔坏一个西瓜，不但得不到 1 个包子的奖励，还要赔偿 4 个，合在一起少了 $1+4=5$（个）包子。”

八戒抢着说：“往下我会做了：$105\div5=21$。嘿，我才摔坏了 21 个西瓜，不多！嫂子，给我包子吃吧！”

# 谁是妖王

八戒张开大嘴，放开肚皮，一顿猛吃，吃足了包子，挺着大肚子一路走，一路唱："八百多个包子进了肚，多呀多舒服！啦啦啦——"

土地神忽然从地下钻了出来，拦住八戒的去路："猪大仙不可再往前走啦！"

"怎么回事？"八戒不解，"朗朗乾坤，平平大路，怎么不让往前走了？出事啦？"

"猪大仙有所不知，前面山上最近出了一个妖王和一个妖后，两人功夫十分了得，山上的大小动物几乎被他们俩吃光了！"

"呀！还有比我能吃的？不行！你带着我去会会他们俩。"八戒拉起土地神就走。

土地神连连摆手："去不得，去不得。小神可不敢去，危险哪！"

"有我八戒在，你怕什么？走！"八戒硬拉着土地神往前走。

土地神连连作揖："猪大仙，饶了小神吧！"

八戒不听那一套，拉着土地神继续往前走，走着走着，就看见路边一个黑头发的小孩和一个黄头发的小孩嘻嘻哈哈在玩耍。

土地神立刻停住，说："这两个小孩就是妖王和妖后！"

八戒挺着肚子走上前，问："嘿，你们两个谁是妖王，谁是妖后？"

黑发小孩冲八戒一笑："我是妖王！"

黄发小孩冲八戒一乐："我是妖后！"

土地神躲在八戒身后，哆哆嗦嗦地说："别听他们俩的！他们俩至少有一个在说谎！"

"谁在说谎？"八戒回头一看，土地神已经溜了，"溜得真快呀！"

八戒自言自语："俗话说'好男不和女斗'，我要打也要找妖王打呀！可谁是妖王呢？只好找我的小猴哥啦！小猴哥——快来呀——"

酷酷猴真是招之即来："我刚走，怎么又叫我？"

"真不好意思。可是没你不成啊！快给我判断出谁是妖王吧！"

酷酷猴开始分析："这两个小孩说的话有四种情况：'对，对''对，错''错，对''错，错'。"

八戒点点头："是这么回事儿。"

酷酷猴继续说："根据土地神说的'他们俩至少有一个在说谎'，可以肯定'对，对'是不可能的。"

八戒问："那一对一错呢？"

"也不可能！比如说，'我是妖王'这句话是错的，说明黑头发小孩是妖后。于是黄头发小孩说的'我是妖后'也是错的。"

八戒有点儿明白了："哦！那这两个小孩都在说谎。也就是说，黄头发的才是妖王！让我打死这个妖王！"

八戒抡起钉耙直奔黄发小孩打去："妖王，尝尝你猪爷爷钉耙的厉害！嗨！"

黄发小孩冲黑发小孩一乐："嘻嘻！咱俩有猪肉吃了。"说完，黄发小孩喊了一声："起！"突然旋转着升上半空，他周围带起一股极强的黄色旋风，把八戒也卷上了半空。

八戒忙说："嘿，嘿，你让我跟你干什么去？"

黄风卷着八戒，呜的一声飞进一个山洞。

八戒说："我算是免费旅游啦！"

"我赶紧去搬救兵！"酷酷猴刚想跑，黑发小孩甩出一根长绳："小猴子，哪里走！"长绳把酷酷猴捆了个结结实实。

黑发小孩高兴地说："先吃猪肉，再喝猴汤！"

# 猪八戒遇险

山洞内，大锅里哗哗地烧着水，猪八戒和酷酷猴分别被捆在两根木桩上。两个小孩喊了一声："变！"变成一个黄发男妖，一个黑发女妖。

黄发男妖说："我说夫人，咱们又有好吃的了！咱们大吃一顿解解馋吧！"

黑发女妖却说："大王啊，这山上的活物都被咱俩吃光了，这一头猪一只猴我们可要省着点吃。"

"夫人说怎么个吃法？"

"先吃猪八戒。我刚才称了一下猪八戒，他有 100 千克重。今天先吃$\frac{3}{10}$，明天再吃剩下的$\frac{2}{5}$。"

八戒忙问酷酷猴："小猴哥，他们俩明天吃完了，我还能剩多少？"

酷酷猴一本正经地说："这要列个算式算哪！"

八戒一听，着急了："我说小猴哥，我都死到临头了，你数学那么好，就口算吧！"

"也好，我就说吧！算式是：

$$100\times\left(1-\frac{3}{10}\right)\times\left(1-\frac{2}{5}\right)=100\times\frac{7}{10}\times\frac{3}{5}=42\text{（千克）}$$

他们明天吃完了之后，你还剩下 42 千克。”

八戒摇摇头：“我就剩下这么点儿？你没算错吧？”

“错不了！”酷酷猴解释，“你体重 100 千克，他们俩今天先吃$\frac{3}{10}$，剩下$\frac{7}{10}$。明天再吃剩下的$\frac{2}{5}$，还留下$\frac{3}{5}$。把三个数连乘就得到最后剩下的 42 千克。没错！”

八戒叹了一口气：“唉，还剩 42 千克！也就剩个猪头！”

“不可能只剩一个猪头！”酷酷猴说，“过去人们

常说‘一个猪头八斤半’，合 $4\frac{1}{4}$ 千克。你的脑袋能有 42 千克重？也太重了！”

八戒嘿嘿一笑：“脑袋大了不是聪明吗？”

黄发妖王恶狠狠地说：“猪八戒，你死到临头还开玩笑？我这就送你上西天去！”说完，手执尖刀，就要杀猪八戒。

“慢！”黑发妖后阻拦说，“大王，你没有研究一下，把猪八戒分解开，有多少种分法？”

“先卸四肢呀！按着卸左胳臂、右胳臂、左腿、右腿的顺序是一种，按着卸右胳臂、左胳臂、左腿、右腿的顺序又是一种，这分法可多了！”

黑发妖后说：“再多也有个数哇！我算了一下，单是卸四肢就有 $4\times3\times2\times1=24$（种）不同的卸法。”

八戒在一旁搭话：“嘿！你们就别算啦！挑一种就行，我只受一次罪！”

眼见危险临近，酷酷猴提醒猪八戒：“你还不叫你大师兄孙悟空！”

“对呀！你不提醒，我还真忘了！”八戒敞开喉咙叫，“大——师——兄——快来救命啊！”

黑发妖后催促：“大王，猪八戒呼叫孙大圣了，你还不快动手！”

“我这就动手！”黄发妖王刚举起刀子，孙悟空就从天而降。

孙悟空说：“来不及动手喽！俺老孙来也！”

黄发妖王大吃一惊：“啊，这孙猴子来得这么快！”

孙悟空使棒，黄发妖王使大刀，黑发妖后使软鞭，乒乒乓乓三人战在了一起。

八戒在一旁提醒：“猴哥，妖王会刮黄旋风，可厉害啦，能把你带上半空！”

果然，黄发妖王大喊一声：“起！”只听呜的一声，又刮起黄色旋风。

孙悟空并不慌张，他从身上拔下一把猴毛，向空中一撒，猴毛都卷入旋风中。这些猴毛到旋风里变成无数个小孙悟空，他们围住妖王就打。

“打！打！打！”

黄发妖王慌忙应战：“呀，这么多孙悟空！”

八戒看得高兴，他问：“猴哥，你变出来多少个小孙悟空？”

“我拔下 50 根猴毛，每根猴毛都能一个变俩，两个变四个……一共可以变 5 次。你说有多少小孙悟空？”

八戒说：“还是让小猴哥给算算，一共变出多少小孙悟空。”

酷酷猴回答："一共有 $50\times2\times2\times2\times2\times2=1600$（个）小孙悟空。"

妖王被众小孙悟空打落在地，妖王大叫："哇，我完了！"

"看棒！"孙悟空照着妖后又是一棒。

妖后惨叫："呀，没命啦！"被孙悟空一棒打死了。

# 酷酷猴和孙悟空

## 荡平五虎精

通过猪八戒的介绍，酷酷猴认识了孙悟空。

酷酷猴一抱拳：“久仰孙大圣的大名！”

悟空嘻嘻一笑：“咱们都是猴子，一家人嘛，不要这么客气！”

突然，狂风大作，地动山摇。

八戒大叫：“不好！一股腥风刮来！”

呜——一阵狂风过后，八戒面前出现金色、银色、白色、黑色、花色五只虎精。

金虎精指着猪八戒，说：“我们五虎兄弟明天都要结婚，想炖一锅红烧猪肉吃，暂借你一用！”

八戒急了：“都把我做成红烧肉了，那还是借吗？吃进肚子里了还能还吗？”

金虎精两只虎眼一瞪："既然猪八戒不识好歹，弟兄们，上！"

五只虎精一齐扑了上来。

"你们五只大猫还反了不成！打！"孙悟空手执金箍棒，八戒抡起钉耙，酷酷猴赤手空拳，和五虎战到了一起。

"杀——""杀——"喊杀声不断。

天色已晚，金虎精下令收兵："弟兄们，今天天色已晚，先各自回洞休息，明日再战！"

众虎精答应："是！"

八戒累得敞开衣服，躺在地上大口喘气："这五只恶虎还真厉害！照这样打下去，明天我大概要成红烧肉了！"

孙悟空皱起眉头："要想个办法才成！"

酷酷猴灵机一动："我听他们说各自回洞，说明他们五虎不住在一起。咱们今天晚上一个一个消灭他们，来个各个击破！"

八戒翻了个身："主意虽好，可是咱们不知道他们住在哪儿啊！"

孙悟空说："这个好办！问问当地的土地神。土地神快出来！"

吱的一声，土地神从地里钻了出来。

土地神赶紧向孙悟空行礼："大圣来此，小神未曾远迎，还请恕罪！”

孙悟空命令：“快把五虎精的洞穴位置给我详细画出来！”

土地神不敢怠慢，立即画出了五虎精所住洞穴位置图。

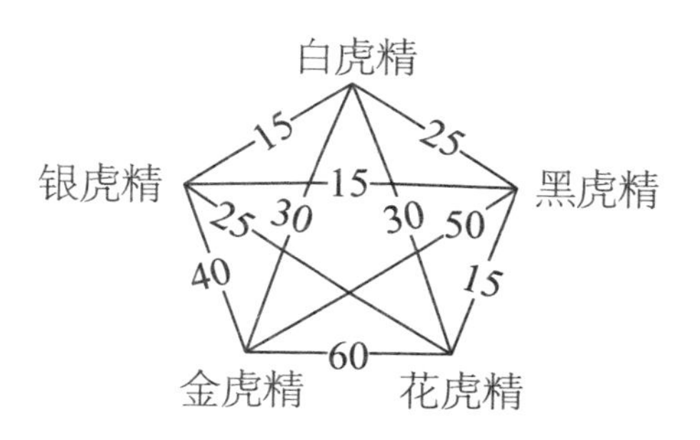


土地神解释：“图中所标数字是两洞的距离，单位是国际长度单位‘千米’。”

孙悟空说：“我们一定要趁天黑把他们消灭掉，再返回此地！关键是要找一条最短的路径。”

八戒建议：“这种事酷酷猴最拿手！”

酷酷猴先擦去 50 千米和 60 千米两条最长的路线。

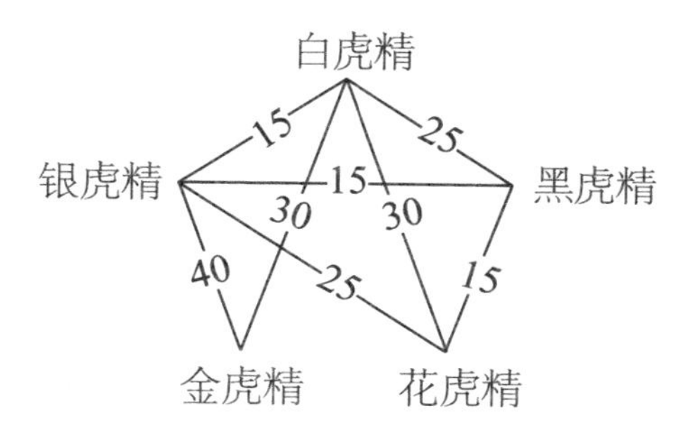

酷酷猴说："既然有这么多路线可以走，先擦去两条最长的路线。还剩下四条路线可走。"

酷酷猴列出四条可走的路线：

金$\xrightarrow{30}$白$\xrightarrow{30}$花$\xrightarrow{15}$黑$\xrightarrow{15}$银$\xrightarrow{40}$金

所走的距离为 30+30+15+15+40=130（千米）

金$\xrightarrow{30}$白$\xrightarrow{25}$黑$\xrightarrow{15}$花$\xrightarrow{25}$银$\xrightarrow{40}$金

所走的距离为 30+25+15+25+40=135（千米）

金$\xrightarrow{40}$银$\xrightarrow{25}$花$\xrightarrow{15}$黑$\xrightarrow{25}$白$\xrightarrow{30}$金

所走的距离为 40+15+15+30+30=130（千米）

金$\xrightarrow{40}$银$\xrightarrow{15}$黑$\xrightarrow{15}$花$\xrightarrow{30}$白$\xrightarrow{30}$金

所走的距离为 40+25+15+25+30=135（千米）

酷酷猴说："第一条和第三条路程短一些。"

孙悟空一挥手："咱就挑第一条路线，走！先去找金虎精。"三人直奔金虎精的洞穴。

孙悟空带头钻进金虎精的洞穴，金虎精呼噜呼噜正睡得香呢。

"死到临头还打呼噜？吃我一棍！"孙悟空举棍就打，一棍下去，金虎精一命呜呼了。

孙悟空又依样打死了白虎精、黑虎精和花虎精。

八戒不甘示弱："猴哥打死了四只，这只银虎精留给我吧！看耙！"猪八戒一耙把银虎精也打死了。

八戒拍拍身上的土："天还没亮，五只虎精全部报销！"

孙悟空一竖大拇指："酷酷猴算得好！"

酷酷猴一竖大拇指："孙大圣打得好！"

"哈哈——"

# 擒贼先擒王

孙悟空一抱拳："我到前面山上找个朋友，马上就回来！"

八戒说："大师兄快点回来啊！"

孙悟空一个跟头翻下来，来到一个山洞，他向洞里喊："鹿仙子，俺老孙看你来了！"

突然，一只狼精从洞里蹿出来。

狼精指着自己的鼻子，问："孙猴子，你看我像鹿仙子吗？"

孙悟空吃了一惊："啊，老狼！鹿仙子呢？"

噌，噌，噌，洞里又蹿出来野猪精、狐狸精和蛇精。

孙悟空问："难道鹿仙子被你老狼吃了？"

狐狸精冷笑着说："别冤枉狼大哥，鹿仙子是我们四人分着吃的。"

悟空十分愤怒，抡棍就打："竟敢吃掉我的好友！拿命来！"

四个妖精排成下图（见下页）的形状，把悟空围在了中间。

| 狐狸 | 野猪 |
| --- | --- |
| 蛇 | 狼 |

狐狸精高声叫道："弟兄们别怕孙悟空，摆出我的迷魂阵来！打！"

悟空说："擒贼先擒王，你狐狸精肯定是头儿，我先打你！"于是抡棒直奔狐狸精打去。

狐狸精喊了一声："变！"

阵形立刻变成下图的形状，悟空扑了一个空，迎战他的已不是狐狸精，而是蛇精。

| 蛇 | 狐狸 |
| --- | --- |
| 狼 | 野猪 |

蛇精叫道："你奔我来了，就让你尝尝我的毒液吧！噗——"蛇精喷出一股毒液。

悟空慌忙闪过："呀，这个位置上怎么变成蛇精了？"

悟空决定死盯住狐狸精打："你跑到这儿来了！也要吃我一棍！"

狐狸精又喊了一声："变！"

阵形立刻变成下图的形状，悟空又扑了一个空，迎战他的仍是蛇精，蛇精说："看来你挺喜欢我的毒液，再送你一口！噗——"蛇精又喷出一口毒液。

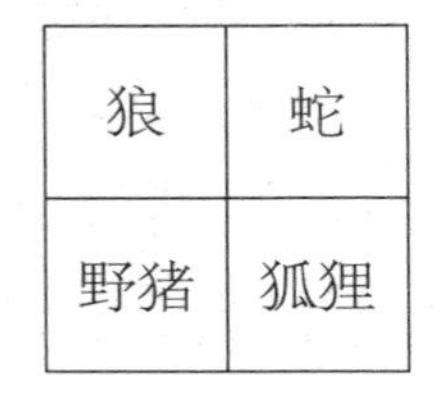

| 狼 | 蛇 |
|---|---|
| 野猪 | 狐狸 |

悟空大叫一声："哇——我中毒啦！"

这边八戒等了半天，对酷酷猴说："大师兄怎么这么半天还没回来？"

酷酷猴也不放心："咱俩去看看吧！"

八戒和酷酷猴按着孙悟空离开的方向找去，走了一程，便听到杀声震天。

酷酷猴一指："看，孙悟空被妖精围在了中间！"

八戒满不在乎："咳，对于大师兄来说，四个妖精算得了什么！"

酷酷猴发现了异样："不对！孙悟空怎么步履蹒跚

哪？”

八戒解释：“你不懂，他要的那叫醉棍！”

突然，悟空毒发，倒在了中间。

酷酷猴大喊一声：“不好！孙悟空倒下了！”

“快去营救大师兄！杀呀——”八戒举着钉耙冲了过去。

酷酷猴赶紧扶起孙悟空：“大圣，不要紧吧？”

孙悟空说：“快去告诉八戒，专打狐狸精！狐狸精是头儿，只是他的迷魂阵在不断地变化，我找不到狐狸精的准确位置。”

“容我仔细观察。”酷酷猴看了一会儿，“根据我的观察，他的迷魂阵是按顺时针方向旋转的！”

狐狸精吆喝：“抓住猪八戒，吃红烧猪肉！”

八戒大嘴一噘：“倒霉！又遇到想吃红烧猪肉的了！”

酷酷猴在一旁指挥猪八戒战斗：“八戒，下一次往东南方向打！”

“好，我听你的！”八戒举耙朝东南方向打去，这时狐狸精刚转到东南方向，八戒的钉耙就到了，正打在狐狸精的头上。

“看耙！”

狐狸精大惊：“啊，我刚转过来钉耙就来了！完了！”

只听砰的一声，狐狸精的脑袋开了花。

狼精、蛇精、野猪精看到狐狸精死去，纷纷跪地投降：“别杀我们，我们投降！”

八戒开心地说：“哈哈！你们吃不上红烧猪肉了吧！”

# 悟空戏猕猴

酷酷猴一回头，发现孙悟空不见了："咦？怎么孙悟空又不见了？"

猪八戒摆摆手："猴哥是猴脾气，待不住！由他去吧！"

这时，土地神赶着一大群羊走了过来。

八戒好奇地问："真新鲜！怎么堂堂的土地爷改行放羊了？"

土地神尴尬地说："孙大圣让我放羊，我不敢不放啊！"

八戒问："你看见我大师兄了？他在哪儿？"

土地神指着羊群说："孙大圣就在羊群里。"

酷酷猴十分好奇："啊，孙悟空变成羊了？哪个是孙悟空？"

一群羊围住酷酷猴，都说自己是孙悟空。

甲羊："咩——我是孙悟空。"

乙羊："咩——我是孙悟空。"

酷酷猴做孙悟空状："照你们这样说，我还是孙悟空呢！"

土地神让羊排成一排："听我的口令，所有的羊排成一排，报数！"

"1，2，3…65，66。"羊依次报数。

土地神说："这是66只羊，如果让它们'一、二'报数，凡是报'一'的下去，这样一直报下去，最后剩下的就是孙大圣！"

八戒说："那就让它们报数吧！"

土地神摇摇头："不成！大圣吩咐过，不许'一、二'报数，要酷酷猴一次就把孙大圣指出来！"

八戒笑了笑："这是大师兄考小师兄啊！"

"这难不倒我！看我的！"酷酷猴走到从右数第三只羊面前，"你是64号，出来吧！"他揪住这只羊的双角

往外拉。

“咩——”64号羊问，“你拉我干什么？”

酷酷猴说：“你是64号，你肯定是孙大圣，你出来吧！”

64号羊又问：“咩——你凭什么说我是孙大圣？”

“问得对呀！”八戒也上前要问个明白，“你凭什么说他是孙悟空？”

“我问你，如果一排只有3只羊，‘一、二’报数，报‘一’的下去，最后剩下的是几号？”

八戒掰着手指数：“‘一、二、一’，1号和3号数‘一’下去了，剩下的是2号。”

“对！如果一排有5只羊，最后剩下的肯定是4号。”

八戒点点头：“对，我数了，是4号。”

酷酷猴说：“9只羊一排，最后留下的肯定是8号。它的规律是2，$4=2\times2$，$8=2\times2\times2$……对于66来说，具有这个特点的最大的数就是64，因为$64=2\times2\times2\times2\times2\times2$。”

“猜对啦！”孙悟空现身。

孙悟空又提出一个问题。他先画了一个$3\times3$的格子，然后问：“我拔下13根猴毛，加上我一共变出14个形态各异的小猴，按规律排，我本来应该站在方格的右下角，但我偏要站在$3\times3$方格左边一排的6个小猴当中，你能把我找出来吗？”

说完，孙悟空拔下一撮猴毛，往空中一抛，喊了一声：“变！”立刻变出了13个小猴，孙悟空一转身，变成了第14个小猴，和其他小猴混在了一起。

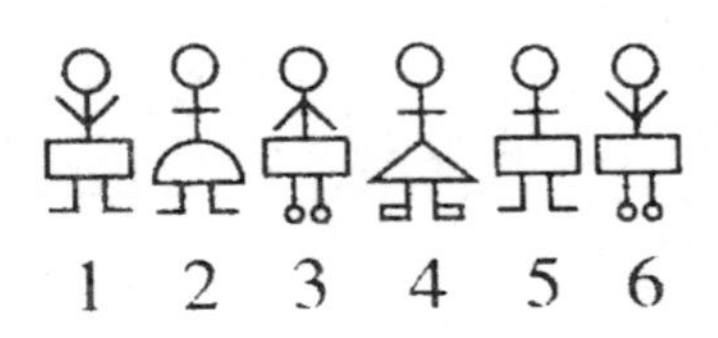

八戒为难地说：“这么多小猴，都长得差不多，怎么找出大师兄？”

酷酷猴却不以为然：“要细心观察才能发现差异。你看，这些小猴手臂有向上、水平、向下三种；裙子有三角形、矩形、半圆形三种；脚有圆脚、方脚、平脚三种。”

“对！”

“你再看，方格中的8个小猴虽然都不一样，但是是有规律的。那么，从方格左边6个小猴中找出哪个小猴，放到空格中能符合它们的规律？”

八戒看了一会儿："我看出规律啦！方格中每一行、每一列的 3 只小猴的手臂、裙子、脚都不一样！"

酷酷猴一竖大拇指："八戒真棒！你看把哪只小猴放到那儿合适呢？"

"从横向看，有手臂平伸的，有手臂向下的；有穿半圆形裙子的，有穿三角形裙子的；有方脚，有平脚，就缺一个手臂向上、穿矩形裙子、长着圆脚的小猴。纵向看也是如此。我认出来了，你就是孙悟空！"八戒走到 6 号小猴面前，把他揪了出来。

6 号小猴一抹脸："八戒真长本事啦！我就是你大师兄！"

# 解救八戒

八戒一摸肚子："我饿了，我去弄点吃的！"八戒扛着钉耙扬长而去。

酷酷猴叮嘱："八戒，路上小心妖精！"

过了好半天，仍不见猪八戒的身影，悟空有点儿不放心："八戒该回来了！"

突然，空中飘飘悠悠落下一张纸条来。

酷酷猴拾起纸条，只见纸条上写着：

> 找八戒，往正东走（5★6）★7千米。其中对于任何两个数$a$、$b$，规定$a★b$表示$3×a+2×b$。限10分钟找到，否则就请你们吃猪肉馅儿饺子了！

孙悟空大怒："何方妖孽，敢用我师弟的肉包饺子吃？我要把他们打个稀巴烂！可是——我到哪里去找他们呢？"

酷酷猴不慌不忙地说："纸条上都写着呀！只要算出

来，就知道了。”

“这些带五角星的算式，如何算？”

“这里的五角星只不过代表着一种特殊的算法。”

“五角星怎么能代表一种算法呢？”

“我给你算一下，你就明白了。”酷酷猴开始算，“按照规定，$5 \bigstar 6 = 3 \times 5 + 2 \times 6 = 15 + 12 = 27$。”

“原来是这么回事。”

酷酷猴说：“明白了意思，就可以把结果算出来了：$(5 \bigstar 6) \bigstar 7 = 3 \times 27 + 2 \times 7 = 95$。”

悟空马上腾云驾雾：“酷酷猴，快和我向东跑 95 千米，解救八戒去！”

到了地点，悟空问：“为什么不见八戒的踪影？”正说话间，他看到一只野狗：“狗的鼻子特别尖，待我也变成野狗问问他。变！”

悟空变成一只黑色的野狗，跑过去问：“老兄，你闻到猪的气味了吗？”

野狗点点头：“当然闻到了！那个小洞里飘出来猪的臭味和黄鼠狼的臊味！”

悟空忙对酷酷猴说：“八戒是让黄鼠狼精给捉到洞里去了，我进洞看看。你在外面如此这般……”

“好！”

悟空又变成一只小蜥蜴，钻进了小洞里。待进洞后，他看见猪八戒被捆在柱子上，黄鼠狼精正磨刀霍霍呢！

八戒对黄鼠狼精说："你别做美梦想吃我的肉，等一会儿我猴哥来了，一棒子就把你砸个稀巴烂！"

黄鼠狼精冷笑："嘿嘿，孙悟空是个数学盲，他算不出我在哪儿！"

八戒不服："我还有个小猴哥酷酷猴哪！他那数学别提多棒了！"

黄鼠狼精不以为然："你别吓唬我，一只小猴子能有我黄大仙聪明？"眼看刀磨得差不多了，他说："你的两个猴哥都不来救你，我可饿极了。我先把你切成小块儿，然后再剁成肉馅儿慢慢吃！"黄鼠狼精正要动手，悟空现了形："八戒别慌，我老孙来也！"

八戒见到了救星："猴哥快来救我！"

黄鼠狼精大吃一惊："啊，孙悟空真来了！让你尝尝我的最新式武器！"黄鼠狼精冲悟空放了一个屁，噗——

八戒大叫一声："哇——臭死啦！"

黄鼠狼精趁机从小洞钻出，正好被等候在此的酷酷猴按住了脖子："黄鼠狼精，你哪里逃？"

黄鼠狼精绝望了："呀，还有伏兵！完了！"

## 知识点解析

### 定义新运算

故事中，★号表示一种自定义运算，规定 $a★b$ 表示 $3\times a+2\times b$。定义新运算是用某种特殊的符号来表示特定的意义，这种符号有很多，如★、☆、◎、⊙、♀……解答这类题，我们要理解新符号的规定、要求及法则，严格按照规定来进行计算。

如果定义 $M☆N=6M-5N$，求 $14☆(8☆7)$。

# 魔王的宴会

悟空救出了八戒，和酷酷猴一起正往前走着，一股狂风忽然刮来，风中带有许多碎石。

八戒倒吸一口凉气：“呀，飞沙走石！怎么回事？”

只见一群山羊、野兔、牛呼啦啦顺着风狂奔而来。

八戒忙问：“你们跑什么？出什么事啦？”

一只山羊告诉八戒：“熊魔王要宴请虎魔王、狼魔王、豹魔王……一大堆魔王。我们都要被这些魔王吃了！你长得这么肥，还不快逃！”

悟空问一头奔跑的老牛：“老牛，你知道熊魔王要宴请多少魔王吗？”

老牛回头一指：“洞口贴着告示呀！你自己去看吧！”

悟空说：“咱们去看看告示去。”

来到洞口，悟空一边看，一边摇头：“这上面写的是什么呀？我怎么看不懂啊！”

只见告示上写着：

山里的所有动物：

我熊魔王要请各方魔王来赴宴，当然，你们都是做菜的原料。我们要吃谁，谁就赶紧来。直到我们吃饱、吃好为止。这次我请来的魔王数就在下面的算式中，其中不同的字代表不同的数：

魔魔×王王＝好好吃吃

“猴哥，咱们不能眼看着这些动物被害！咱们得救救他们。”

“可是不知道来了多少魔王，这仗怎么打呀？”

酷酷猴说：“别担心，有我在，没问题！”他仔细想了想：这种横式不好看，我来把它变成竖式。

$$
\begin{array}{r}
\text{魔魔} \\
\times \quad \text{王王} \\
\hline
a\ b\ c \\
a\ b\ c\ \ \\
\hline
\text{好好吃吃}
\end{array}
$$

悟空挠挠头：“怎么弄出外文来了？越弄越复杂！”

酷酷猴解释：“引进字母的目的，是为了让解题更加简单。显然 $c$ = 吃，由于在十位上 $b+c$ = 吃，可以知道 $b=0$。”

悟空点点头："有道理，你接着说。"

"$b=0$。根据魔魔 × 王王$=abc=a0c$，魔 × 王的乘积一定是个两位数，而且乘积的十位数和个位数之和是10。"

悟空晃晃脑袋："我有点儿晕，你快往下算吧！"

"两个一位数乘积的数字和等于10的，只有$4\times7=28$，刚好$2+8=10$。"

"有这种事？"八戒不信，要自己试验，"我试试！$2\times9=18$，$1+8=9$，不成；$3\times8=24$，$2+4=6$，也不成；$8\times9=72$，$7+2=9$，还是差点儿。嘿，真的只有4乘7才行。"

悟空有点着急："快告诉我，他要请多少魔王？"

"多则74个，少则47个。"

"宁多勿少。"悟空说，"我们就按74个准备。八戒，你负责消灭23个，酷酷猴消灭1个，剩下的我全包了！"

八戒噘起大嘴："嘿，不公平！我比小猴哥多那么多呀！"

"我还一个人要消灭50个魔王呢！快杀进去吧！"悟空带头冲进洞里。

"杀——"猪八戒和酷酷猴跟了进去。

洞里杀得昏天黑地。

战斗结束了，酷酷猴清点被杀死的魔王："熊魔王一共请来了47个魔王，加上他自己一共是48个。我杀死2个，悟空和八戒各打死23个！”

八戒一捂脑袋：“哇，我和孙猴子打死的魔王一样多！我又亏了！”

# 捉拿羚羊怪

悟空、酷酷猴和八戒边走边聊天。

悟空深有感触地说："我要拜酷酷猴为师，学习数学。"

八戒也说："我也学！"

酷酷猴谦虚地说："咱们互相学习。"

突然，一阵狂风刮来，掩天蔽日，伸手不见五指。

悟空警告："这是一股妖风！我们要多加注意！"

八戒捂着眼睛说："我什么也看不见了！"

狂风过后，他们发现酷酷猴不见了。

八戒着急了："猴哥，酷酷猴不见了！"

"他是被妖精抓去了！"

八戒不明白："妖精抓他干什么？吃？他身上连点儿肉都没有！要吃就抓我吃呀！"

"还是把土地神唤来问问，土地神！"

土地神从地下钻出："大圣唤小神有何吩咐？"

"刚才一股妖风，为何妖怪所施？"

"回禀大圣，此乃羚羊怪所施的妖法。"

悟空说："他抓走了我的人。快带我去找羚羊怪！"

土地神带悟空和八戒来到一个山洞前，山洞的大门紧闭，门上画有一个图形。

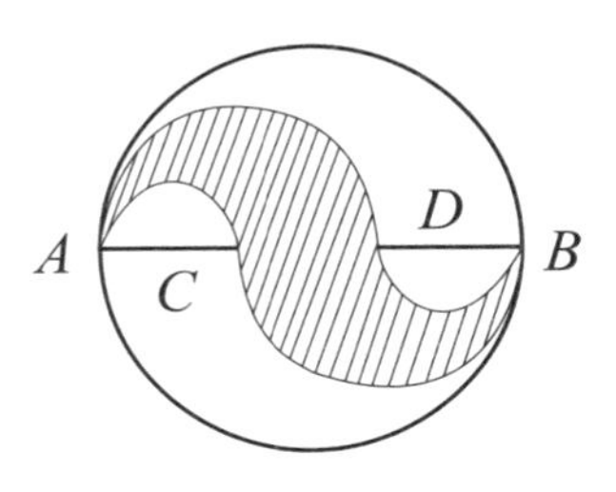


土地神说："羚羊怪就住在这个山洞里。"

悟空问："此图很像太极图。如何打开洞门？"

土地神回答："你看画阴影的部分，它是对接在一起的一对羚羊角，谁能算出这个阴影部分面积是多少，门就会自己打开。"

八戒瘫坐在地上："完了！原来可以找小猴哥来帮忙计算，现在谁来算？"

"酷酷猴不在，咱们就自己算！"悟空先画了一个图。

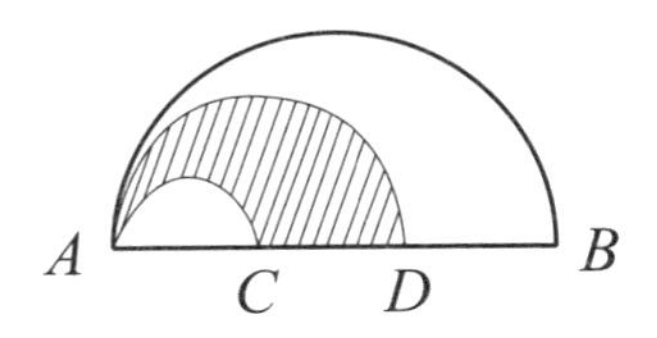

悟空指着自己画的图，说：“算半个圆就成了。这是由三个半圆组成的，我量了一下，$AC$ 是 $AD$ 的一半，$AD$ 是中圆的直径。$AB$=30 厘米，而 $AD$=20 厘米。我发现 $AC$=$CD$=$DB$=10 厘米。可是我不知道圆的面积如何求。”

八戒一撇嘴：“不知道如何求，还是不会算哪！”

“待我化成小飞虫，飞进洞里，问问酷酷猴。变！”悟空化作小飞虫，从门缝钻进洞里。

八戒十分羡慕：“我就没有这种化小飞虫的本事。”

洞里，羚羊怪正和酷酷猴谈话。

羚羊怪阴阳怪气地说：“听说你的数学特别好，你教会我数学，我的本事可就比孙悟空还大了！”

酷酷猴态度十分坚决：“你学数学是为了对付孙悟空，我不教！”

羚羊怪用他巨大的角死死顶住酷酷猴的前胸：“如果你不教我数学，我就用角顶死你！”

“你学数学的目的不纯，顶死我也不教！”

羚羊怪见硬逼不成，气哼哼地走到一边去另想办法。

这时，悟空变成的小飞虫飞到了酷酷猴的耳朵上，悄悄地说：“酷酷猴不要害怕，我是孙悟空，你快告诉我，圆的面积如何求？”

酷酷猴也小声说：“可以用公式，如果圆的半径是 $r$，圆的面积公式是 $S=\pi r^2$。”

“酷酷猴，我这就回来救你！”小飞虫飞出洞外。

酷酷猴叮嘱：“快点！”

羚羊怪十分奇怪：“你在和谁说话呀？”

酷酷猴把头一扬：“我自言自语呢！”

悟空飞到洞外现出原身，和八戒会合。

“我会求了！一只羚羊角形的面积 = 以 $AD$ 为直径的半圆面积 − 以 $AC$ 为直径的半圆面积 =

$\frac{1}{2}(10^2\pi-5^2\pi)=\frac{\pi}{2}(10\times10-5\times5)=\frac{\pi}{2}(100-25)=\frac{75\pi}{2}$。”

八戒接着说：“两只对接的羚羊角形的面积就是 75π了。”

八戒刚说完，山洞的大门就自动打开了：“乖乖，我刚说完，门就自动打开了！”

悟空一挥手：“快进洞救酷酷猴！”

悟空和八戒双战羚羊怪，一阵激烈的战斗过后，悟空抓住羚羊怪就要打死，酷酷猴在一旁求情：“慢！羚羊怪就是想学数学，没有害人之意，就饶了他吧！”

知识点 解析

## 圆的面积

我国古代就有“圜（圆），一中通长也”的说法。在一个平面内，与一个定点的距离等于定长的点的集合叫作圆。圆在生产生活中应用非常广泛，我们有必要对圆作仔细的研究。故事中似羚羊角的阴影部分面积和大、中、小半圆之间有什么关系呢？一只羚羊角形的阴影面积等于大半圆减去小半圆的面积，在这里就需要用到圆的面积公式 $S=\pi r^2$，则一只羚羊角形的阴影部分面积等于 $\frac{75\pi}{2}$，阴影部分总面积是 75π。

## 考考你

孙悟空外出化缘，对唐僧三人说："你们原地站好，我以你们每个人为圆心分别画一个圆，每个圆半径为 2 米，每个圆都经过其他两个圆的圆心，你们躲到阴影部分，妖怪只要踏入阴影部分就会被俺老孙的阵法打死。"你知道三个人的安全范围是多大面积吗？

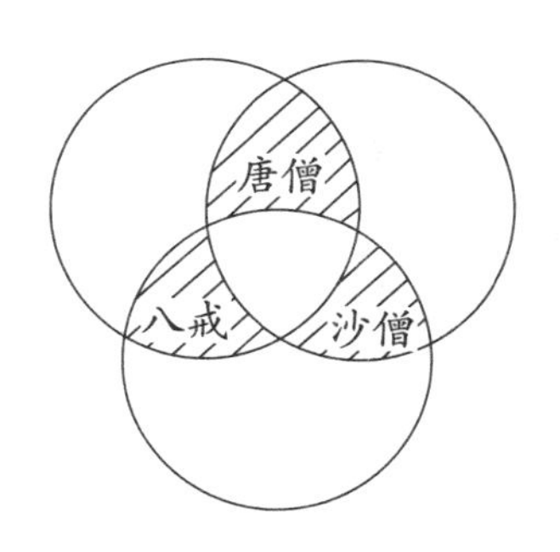

# 重回花果山

悟空忽然想到："如今妖孽横行，我要回老家花果山去，看看我的猴子猴孙是否平安。"

听说去花果山，八戒和酷酷猴争先恐后地说："我也去！"

孙悟空一挥手："咱们都去！"孙悟空带着八戒、酷酷猴一起回到了老家花果山水帘洞。

来到花果山，只见山上花草全无，林木焦枯，山峰岩石倒塌，悟空见此情景不禁倒吸了一口凉气："这是怎么啦？"

花果山的猴子听说孙大圣回来了，蜂拥而出，都来迎接，各种鲜果美酒摆了上来。

回到家，悟空感慨万千："我有一段时间没回家了，你们可好啊？"

众猴你看看我，我看看你，一片沉默……

孙悟空双目圆瞪："怎么，出事啦？是谁敢来欺负你们？"

众猴齐声回答："是群狼！"

孙悟空想了一下，说："我一定要找他们算账！除此之外，你们也要练一些防敌的本领。下面我来操练你们，老猴们听令！"

下面站出一群老猴："得令！"

八戒数了一下："1，2，3……一共有 49 只老猴。"

孙悟空听罢，大吃一惊："想我当年离开花果山时，共有四万七千只猴子，现在就剩这么几只老猴了？"想到这里，悟空差点儿落泪。

悟空命令："49 只正好能排成一个 7×7 的方阵。给我排出方阵来！"老猴们立即排成了一个每边有 7 只老猴的方阵。

酷酷猴点点头："还是老猴的觉悟高！"

操练开始，老猴们按着孙悟空的口令，做着各种动作。

悟空喊："一、二，杀！""一、二，挠！""一、二，咬！"

"停！"突然，孙悟空下令停止操练。

八戒问："练得好好的，怎么停了？"

孙悟空往下一指，说："那一排的两只老猴，实在太老了，动作已经跟不上口令。"

八戒说："那还不容易，把那两只老猴撤下来就是了。"

孙悟空摇摇头，说：“不成！撤下两只就构不成一个 $7\times7$ 的方阵了。”

八戒又建议：“干脆，把那两只老猴所在的那一排都撤下来算了！”

孙悟空又摇摇头：“不成！撤下一排就不是方阵了，成了长方形阵。而我操练的是方阵。”

“那你说怎么办？还是问酷酷猴吧！”

酷酷猴说：“要我说，同时撤下一行和一列，变成 $6\times6$ 的方阵。”

八戒不等酷酷猴说完，就发号施令：“撤下一行是 7 只老猴，撤下一列又是 7 只老猴，听我的口令！一共撤下 14 只老猴……”还没等八戒把话说完，酷酷猴跑上去捂住了八戒的嘴。

八戒问：“怎么啦？”

“你说的不对！撤下的不是 14 只，应该是 13 只老猴。”

“怎么不对？”

酷酷猴画了一张图：“因为有一只老猴，数行的时候数过他一次，数列的时候又数了他一次，这只老猴数重了。”

突然，孙悟空抽出一面令旗，在空中一摇，高声叫道：“所有青壮年猴子给我排成一个方阵！”

“是！”青壮年的猴子也排成一个方阵。

在孙悟空的号令下，青壮年的猴子认真地做着动作。

孙悟空忽然往下一指，说："那一排上的两只猴子太胖，像两头笨猪！"

八戒听了噘起大嘴："猪就笨？猴就机灵？"

突然，一只小猴跑来报告："报告孙爷爷，一群恶狼又来袭击我们！"

悟空就地来了一个空翻："来得正好！我和八戒带老猴方队，正面迎击。酷酷猴带青壮年猴子方队抄他的后路！"

酷酷猴问："这青壮年猴子方队共有多少只猴子？"

悟空摇摇头："这个我不知道。我只知道同时撤下来一行和一列，共撤下来 27 只青壮年猴子。"

酷酷猴只好计算："由于

去掉的总猴数 = 原每行猴数 ×2－1，所以

原每行猴数 =（去掉的总猴数 +1）÷2

=（27+1）÷2=14（只），

方阵总数 =14×14=196（只）。"

青壮年猴子看到狼群分外眼红，个个奋勇杀敌："杀！挠！咬！"

孙悟空一马当先杀了出来："恶狼拿命来！"

群狼见孙悟空来了，惊恐万状，立刻跪在地上投降："我的妈呀，孙大圣回来了！我们投降！"

悟空往下一指："你们给我滚出花果山 1000 千米，永世不得回来！"

"是！"群狼夹着尾巴狼狈逃窜。

知识点解析

## 方阵问题

方阵是正方形队列的一种，生活中我们经常可以看到，如国庆节的大型团体操表演，海陆空阅兵方阵……方阵还可以由棋子、树木等实物排成。方阵分为实心方阵和空心方阵。解决方阵问题，关键是要理解每层总数和每边数之间的关系，以及相邻两边的个数差2，较复杂的方阵问题还需借助画线段图帮助分析找出解答方案。

考考你

孙悟空命令1204只猴子，排成一个大型的空心方阵来对付敌人，已知方阵最外层每边有50只猴子，请问这个空心方阵有几层？

# 智斗神犬

群猴刚要庆祝胜利，突然，一只小猴急匆匆来报："报告孙爷爷，大事不好！群狼在一只瘦狗的带领下又杀回来了，还抓了我们七只猴子兄弟。"

悟空大惊："啊，竟有这种事？"

放眼望去，只见二郎神的神犬带着群狼杀了回来，神犬很瘦，在群狼中显得很弱小。

悟空冷冷地说："我当是谁呢，原来是二郎神的神犬。"

神犬汪汪叫了两声："大圣，好久未见，近来可好？"

"听说你还抓了我的七只小猴，我和恶狼的事，你管得着吗？"

"不错，我是抓了七只小猴子。狼和狗是同宗，狼的事我不能不管哪！"

神犬一声令下："把七只小猴子带上来！"七只小猴被带上来，每只小猴的脖子上都套一个大铁环，铁环扣在一起。

酷酷猴生气地说："都套在一起了，也太残忍了！"

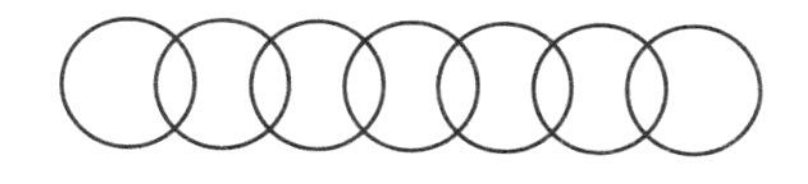

悟空大怒："瘦狗！你想干什么？"

神犬指着孙悟空，叫道："你一定想救出这些小猴子吧？咱们来较量七个回合，怎么样？"

悟空问："如果我胜你一个回合呢？"

神犬答："那我就放一只小猴子。如果你败一个回合，我就咬死一只小猴子！"

神犬一声狂吠，恶狼阵中蹿出了一只恶狼，而悟空这边出战的是八戒。

恶狼凶狠地说："我想吃肥猪肉！嗷——"

八戒咬着牙根："我想穿狼皮袄！杀！"

没战几个回合，八戒一耙打在狼的肚子上："吃我一耙！"狼惨叫一声死了。

悟空说："这一回合我们胜了，快放一只猴子！"

神犬摇摇头，说："我是想放回一只，只是这七只猴子全套在一起了。你们过来一个人，只许剪断一个圆环，以后就不许再剪了。"

悟空大怒："只许剪断一个圆环，最多只能放一只猴子！剩下的六只猴子怎么办？你是成心不想放啊！"

悟空发火，酷酷猴在一旁劝阻："大圣莫发火，让我去完成这个任务，请给我变出一把大钳子来。”

悟空一伸手就变出一把大钳子，递给酷酷猴。

悟空十分怀疑：“你能只剪断一个圆环，就可以每次放回一只猴子？神啦！”

“请大圣放心。”酷酷猴走到七只猴子面前，从左数，“1，2，3，好，就剪断这第三个圆环！”

酷酷猴领走这只猴子，还剩下两只连在一起的和四只连在一起的。

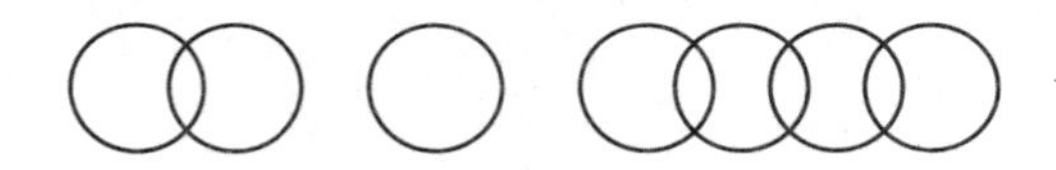

剩下的猴子哀求：“酷酷猴，可别把我们忘了！快来救我们！”

神犬又叫一声，三只恶狼同时蹿出：“第二个回合看我们的！”

悟空迎战：“来得好！”

悟空只是用金箍棒朝三只恶狼一捅，就把他们穿在了一起：“这次来个穿糖葫芦吧！嘻嘻！”

神犬倒吸了一口凉气：“大圣果然厉害！你们再来领一只猴子吧！”

酷酷猴领着刚刚带回来的猴子，向对方走去：“我拿这只刚领回的猴子，去换那两只连在一起的猴子，$2-1=1$，这次我领回的还是一只。”

八戒拍掌称妙：“拿一只单个的，换回两只连在一起的，妙！妙！”

神犬这时忽然明白了：“呀，我明白啦！下次你还是要走那一只猴子，然后再用这 3 只猴子换回那 4 只连在一起的猴子！就这样，7 只猴子你先后都领走了。”

八戒拍手叫道：“妙！妙极了！”

“我咬死你这个酷酷猴！汪汪！”神犬直向酷酷猴冲去。

悟空说：“别咬酷酷猴，有本事你冲我来！”悟空迎了上去。

神犬和悟空战在了一起。

“吃我一棒！”神犬后腿挨了孙悟空一棒。

“呀，疼死我了！我找二郎神去！”神犬一瘸一拐地逃跑了。

# 千变万化

二郎神手执三尖两刃枪，带着受伤的神犬赶来报仇。只见二郎神仪表堂堂，两耳垂肩，双目闪光，腰挎弹弓。

神犬往前一指："就是那个孙猴子，打伤了我的腿！"

二郎神满脸怒气："大胆泼猴，竟敢打伤我的爱犬！"

酷酷猴问："这个神仙是谁？"

悟空给酷酷猴解释："连他你都不认识？他就是劈山救母的二郎神哪！此人非常善于变化。"

二郎神举起三尖两刃枪向悟空刺来："泼猴吃我一枪！"

悟空冲二郎神做了个鬼脸："也不说几句客气话，上来就打！那我就不客气了。"

二郎神和悟空乒乒乓乓打在了一起，从地面一直打到了空中。

"咱俩还是斗斗变化吧！"突然，二郎神化作一股清风走了。

悟空收住手中的金箍棒："我正打得来劲，二郎神怎么跑了？"

悟空一回头，发现了两个一模一样的酷酷猴。

八戒说：“这里面一定有一个是二郎神变的！”

悟空和八戒小声商量：“八戒，你看这怎么办？”

八戒想了一下，说：“我有办法了。酷酷猴数学特好，二郎神是个数学白痴。可以出一道数学题考考他们俩。”说完，八戒在地上画了两个图，每个图有三个圈。

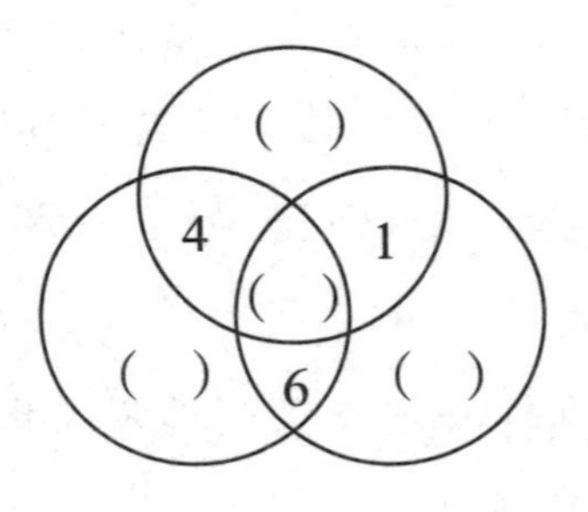


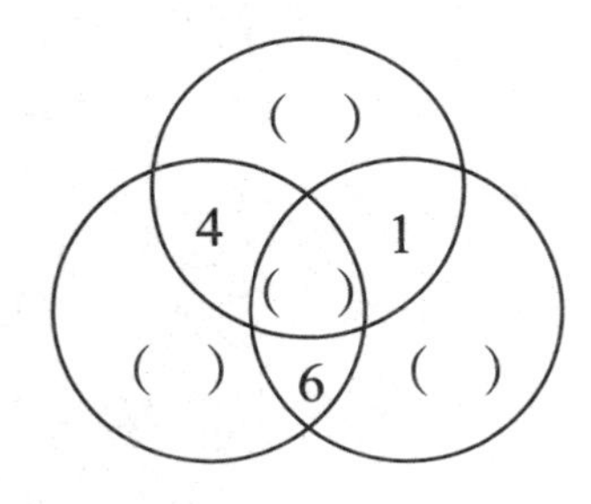


八戒对两个酷酷猴说：“真假酷酷猴听着！你们各自在图中的括号中填上 2、3、5、7 四个数，使每个圈内的四个数的和都等于 15。听懂了没有？”

不一会儿，两个酷酷猴都填完了。

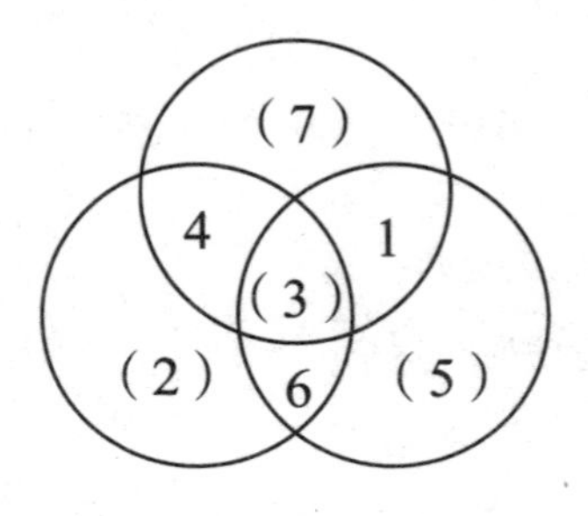


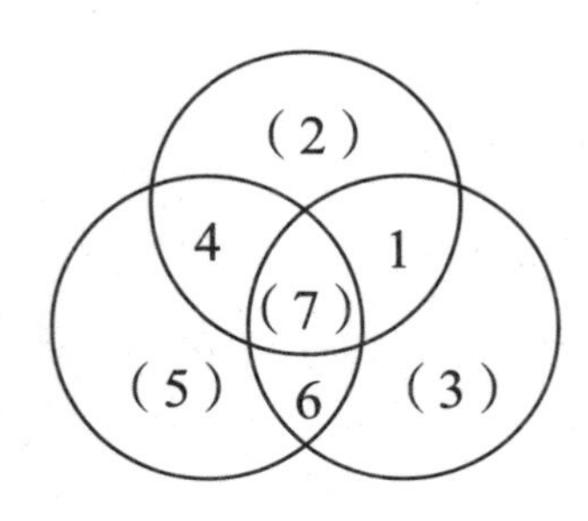

八戒认真看了看两个图，说：“左边这个填对了，右边填错了！右边那个酷酷猴是假的，是二郎神变的！”

悟空举起金箍棒朝右边的酷酷猴打了一下：“小二郎！吃我一棒！”

“不好！被老猪识破了。”二郎神现形逃走。

二郎神在空中冲酷酷猴一抱拳：“小神想请教酷酷猴兄，你那四个数是怎么填的？”

八戒在一旁笑了：“嘿嘿，没想到二郎神挺喜欢学数学！”

酷酷猴给二郎神讲解：“关键是填正中间的那个数。填 2 不成，因为最上面那个圈，即使再填上最大的数 7，$7+4+2+1=14$，不够 15。填 7 也不成，因为最右边的那个圈，即使你填上最小的数 2，$6+7+1+2=16$，比 15 大。”

二郎神聪明过人，一听就明白了：“噢，我明白了，正中间只有填 3 最合适，数学妙！真妙！”

“二郎神，你别喵喵学猫叫了，还是吃我一棒吧！”孙悟空抡棒就打。

“我能怕你这个泼猴？看枪！”二郎神挺枪就扎，两个人又打到了一起。

“我老孙今天才算找到对手了！过瘾！”孙悟空的金箍棒一棒紧似一棒地向二郎神砸来。

二郎神看孙悟空来精神了，也不恋战，又化作一阵清风走了。

悟空手搭凉棚四处寻找："这小子又跑到哪儿去了？"

酷酷猴叫悟空："大圣，这儿有两个一模一样的猪八戒！"

悟空眼珠一转："咱们照方抓药，你再出道题考考他们俩。"

酷酷猴在地上画了四个猪头，列出一个算式：

$$猪 \times 猪 - 猪 \div 猪 = 80$$

酷酷猴对两个猪八戒说："式子里的四只猪的重量都相等，请算出一只猪的重量。"

左边的八戒说："一只猪 9 千克。由于同样重量的两只猪相除得 1，所以有猪 × 猪 − 1 = 80，猪 × 猪 = 81，猪 = 9。"

右边的八戒却说："比 8 千克多，比 9 千克少！"

"二郎神，我看这次你往哪儿跑！"悟空举棒朝右边的八戒打去。

右边的八戒求饶："大师兄饶命，我可是真正的八戒呀！"

二郎神在一旁嘲笑八戒："猪脑子就是不成！"

酷酷猴问猪八戒："你怎么算错了呢？"

八戒沮丧地说：“把等号左边的‘−1’移到右边，应该变成‘+1’，我没变！”

悟空叹了一口气：“嗨，看来八戒还是不如二郎神聪明！”

二郎神把嘴一撇：“废话！怎么能拿我和笨猪比呢？”

# 再斗阵法

二郎神挥舞手中的三尖两刃枪，口中念念有词，不一会儿就招来许多天兵天将。

二郎神对众天兵天将说："下面我和孙猴子斗斗阵法。天兵天将听令！给我摆出'九宫阵'！"

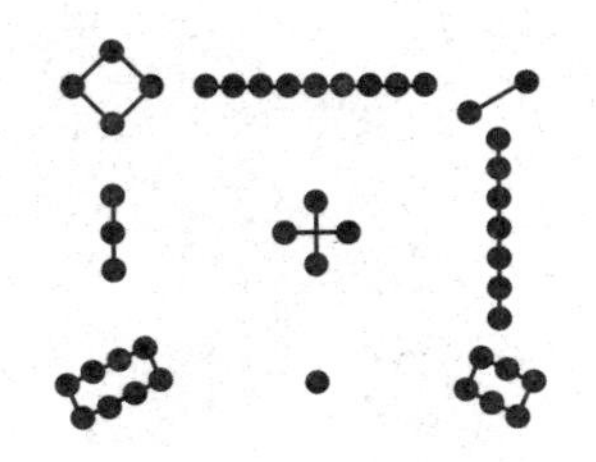

众天兵天将齐声答应："得令！"立即摆出"九宫阵"。

二郎神一指孙悟空："泼猴，你敢来攻攻我的'九宫阵'吗？"

"我要把你的什么'九宫阵'杀个七零八落！"悟空提起金箍棒，直奔"九宫阵"杀去。

二郎神冷笑："七零八落？嘿，我看你是有来无回！"

悟空在阵前停下，和二郎神讲攻阵的规矩："你可要遵守规矩，我攻哪一行，哪一行的士兵才能和我交手！”

二郎神点头：“放心吧！规矩我懂。”

悟空开始进攻竖着的最中间的一列：“我来个‘黑虎掏心’，攻击你的中路！”

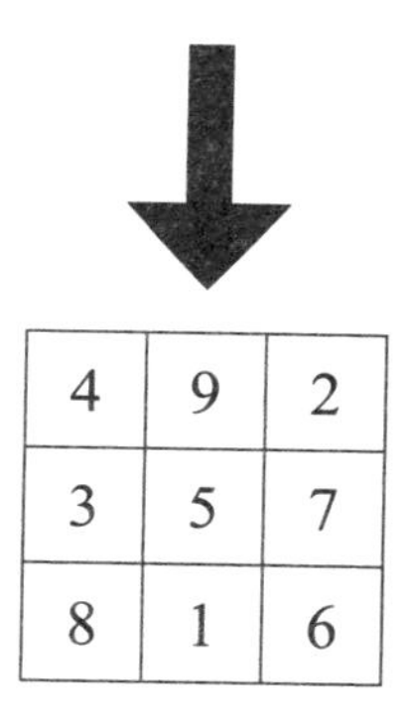

| 4 | 9 | 2 |
|---|---|---|
| 3 | 5 | 7 |
| 8 | 1 | 6 |

最中间一列的 15 名天兵天将举刀迎战：“杀！”把悟空围在当中。

“呀，看来‘黑虎掏心’不对！”悟空跳出圈外，“九宫阵”又恢复原样。

悟空心想：这样打不成！15 个人太多，我要找一个人少一点儿的行来攻击！

“我这次给他来个‘拦腰截断’，横着冲它一下！”这次悟空进攻横着的最中间的一行，这一行的天兵天将举刀迎战：“杀！”

15 名天兵天将又把悟空围在了中间。

悟空感到奇怪："1，2，3，4，…，15，奇怪了，怎么这一行又是 15 个人？"

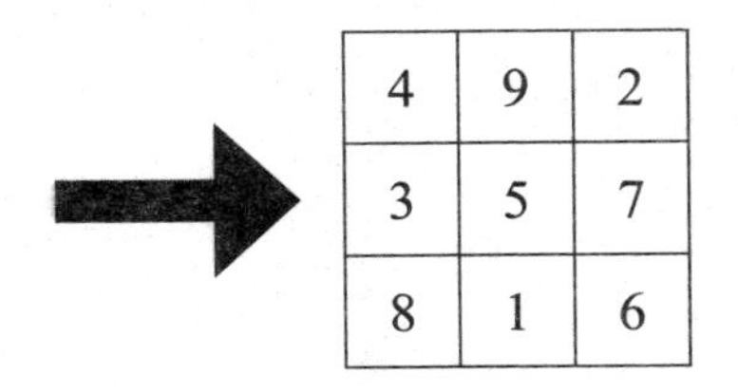

| 4 | 9 | 2 |
|---|---|---|
| 3 | 5 | 7 |
| 8 | 1 | 6 |

"我就不信这个邪！我斜着再冲它一次。"悟空又要斜着冲击"九宫阵"。

酷酷猴阻拦："大圣留步！不要再冲了。"

悟空问："为什么？"

"二郎神的'九宫阵'，数学上叫作'三阶幻方'，它是由 1 ~ 9 这九个自然数组成的 $3\times3$ 的方阵。"说完，酷酷猴画了个图。

酷酷猴介绍说："这个方阵的特点是，不管你是横着加、竖着加，还是沿对角线斜着加，其和都是 15。"

悟空摇摇头："乖乖，难怪不管我怎么冲，都是被 15 名天兵天将围住！"

二郎神哈哈大笑："孙猴子，你领教了我'九宫阵'的厉害了吧！该你布阵了。"

听说布阵，悟空有点儿傻眼了。

悟空小声对酷酷猴说："这排兵布阵我不会啊！"

"大圣不要着急，看我的吧！45名猴兵出来布阵！"酷酷猴拿起令旗指挥。

众猴答应一声："得令！"

小猴们排出一个"三阶反幻方"。

| 9 | 8 | 7 |
|---|---|---|
| 2 | 1 | 6 |
| 3 | 4 | 5 |

酷酷猴说："请二郎神攻阵！"

二郎神斜眼看着酷酷猴："一只小猴子会布什么阵？

神犬，跟我往里冲！冲它的第一行！”

转眼二郎神和神犬被 24 只猴兵围在了中间。

二郎神吃了一惊：“这……这不对呀！应该每行是 15 只呀！怎么出来了 24 只小猴子？”

神犬出主意：“撤出去，再攻另一行！”

二郎神和神犬攻击第三行，结果又被 12 只猴兵围在了中间。

二郎神不解地问：“这第三行怎么变成了 12 只猴了呢？不应该是 15 只吗？”

神犬把整个阵数了数：“主子，我数过了，酷酷猴布的这个阵，不管你是横着加、竖着加，还是沿对角线斜着加，其和都不一样！”

二郎神跳到圈外，问酷酷猴：“你布的这叫什么阵？本神从来没见过！”

八戒说：“你个小二郎见过什么？我小师兄的数学别提有多棒了，够博导的水平！”

酷酷猴解释说：“你刚才布的阵是‘三阶幻方’，其特点是每行、每列、两条对角线上的三个数之和都相等；我布的阵叫作‘三阶反幻方’，它的特点是每行、每列、两条对角线上的三个数之和都不相等。”

二郎神感叹说：“有正还有反，小神领教了！小神修炼千年，不如一只酷酷猴，惭愧！惭愧！小神甘拜下风，回去好好学习数学，来日再斗！”说完，化作一阵清风飘去。

八戒乐了：“嘿嘿，二郎神让小师兄给镇住了！”

知识点解析

## 幻方问题

幻方在中国古代被称为“纵横图”，数百年来很多人研究它，幻方不仅是一种数学游戏，还被广泛应用到工艺美术领域。幻方可以分为奇数阶幻方（如 3 阶，5 阶，7 阶……）和偶数阶幻方（如 2 阶，4 阶，6 阶……）。求奇数阶幻方的方法是：先将数列按从小到大的顺序排列，再按下面的顺序依次填入格中：将第一个数放在第一行的中间位置，依次向右上方斜填，上面超出边框时就放在那一列的最下格，右面超出边框时放在那一行的最左格，排重了就放在该填位置的下边一格。

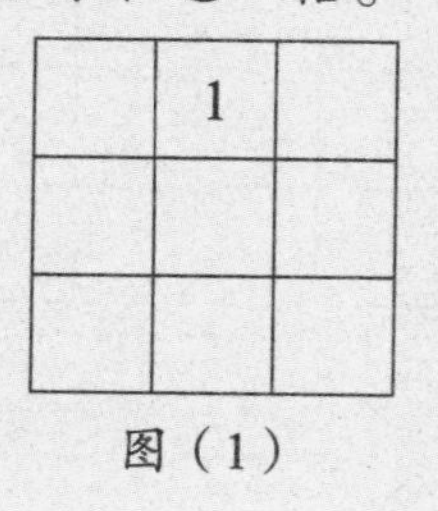

图（1）

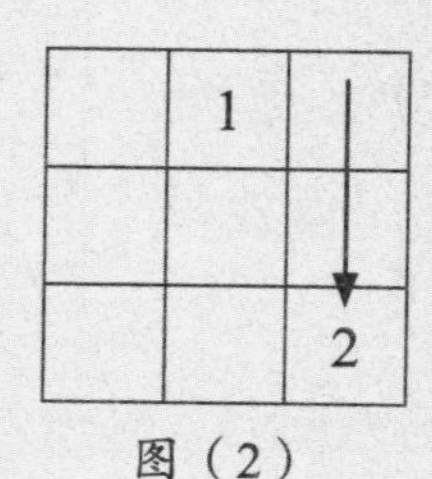

图（2）

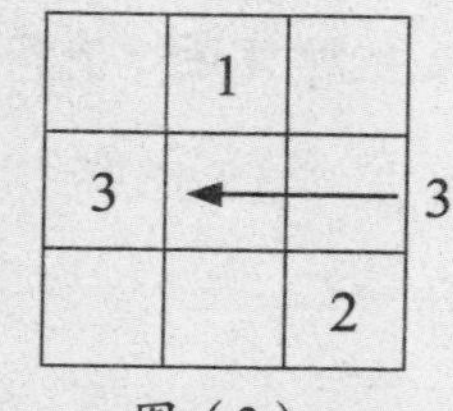

图（3）

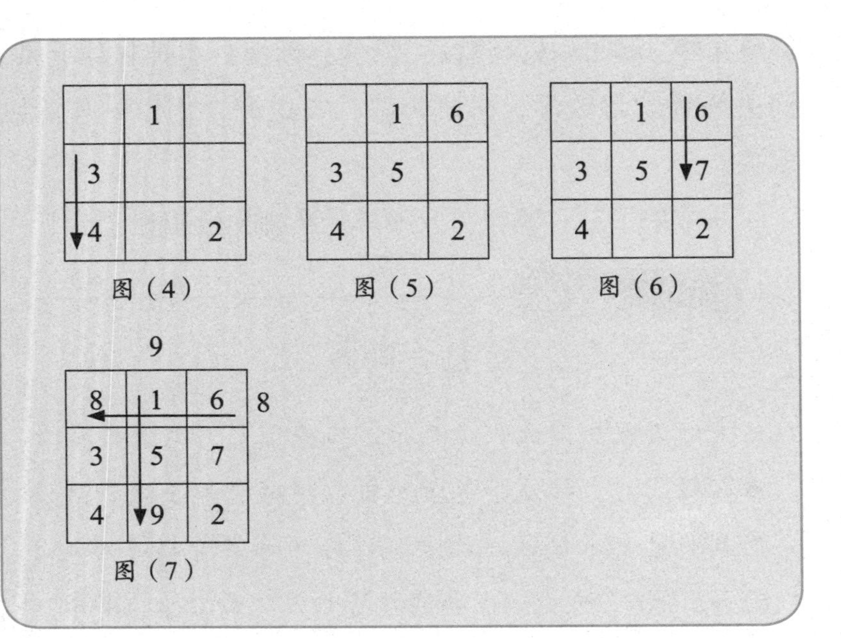


## 考考你

二郎神捉拿不住孙悟空，请来托塔李天王，李天王把二郎神的“九宫阵”增加到了五阶，组成了一个更厉害的五阶幻方，把1~25填入大阵里面，使得每行、每列、对角线的和都相等，你能破解吗？

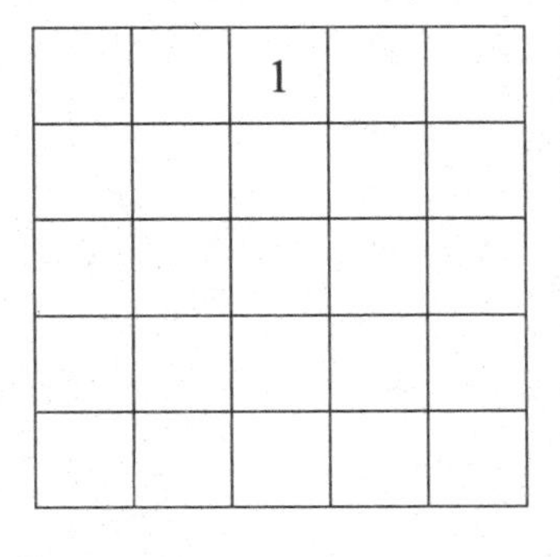

# 数学秘诀

斗败二郎神，八戒竖起大拇指，夸奖酷酷猴：“小猴哥真厉害！把二郎神给制服啦！”

悟空问：“酷酷猴，学数学有没有秘诀呀？”

“学数学没有秘诀，主要是多用脑子。”

“不对吧？我看是有秘诀你不告诉我！”

酷酷猴和悟空、八戒告别：“我还有事，先走一步了。”

悟空笑着说：“酷酷猴，你不告诉我数学秘诀，我要想办法从你嘴里掏出来！”

酷酷猴走在路上，突然，后面一条大蟒蛇追了上来。酷酷猴大吃一惊：“啊，快跑！”

蟒蛇猛地一蹿，把酷酷猴缠住了。

酷酷猴大叫：“来人哪！救命！”可在这荒郊旷野，没人来救他。

“我还是自救吧！我把你割成两段！”酷酷猴掏出刀子，用力割蟒蛇的中部。

酷酷猴终于把蟒蛇割成了两段，自己也累得坐在了地上："累死我了！看你还敢逞强！"

突然，蛇头大笑两声开口讲话了，把酷酷猴吓了一跳："你把我割成了两部分，我的头部这段占全长的$\frac{3}{8}$，尾部比头部长2.8米，数学专家，你给我算算，我原来有多长？"

酷酷猴紧张地举起刀子："奇怪了，死蟒蛇还会说话？"

蟒蛇头说："你不要害怕，只要你算出我原来有多长，我就离开你。不然的话我就死死缠住你！"

"你说话可要算数啊！"酷酷猴没有办法，开始计算，"头部占全身的$\frac{3}{8}$，尾部必然占$1-\frac{3}{8}=\frac{5}{8}$。尾部比头部长$\frac{5}{8}-\frac{3}{8}=\frac{2}{8}$，$\frac{2}{8}$就是$\frac{1}{4}$。这多出来的$\frac{1}{4}$是2.8米，全长就是$2.8\div\frac{1}{4}=2.8\times4=11.2$（米）"

蟒蛇头问："这是什么算法？"

"这叫作'已知部分求全体'。这种算法的特点是：只要知道了这一部分所占的比例，再知道这部分的具体数值，就可以把全体的数值求出来。"

"嘻嘻！你不是说学数学没有秘诀吗？你刚才说的不是秘诀又是什么？"

酷酷猴吃惊地说："啊！你到底是蟒蛇还是孙悟空？"

蟒蛇把头部和尾部接起来，又成了一条完整的蟒蛇，逃走了。

酷酷猴追了上去："你给我说清楚，你到底是谁？"

蟒蛇紧溜了几步，看酷酷猴没追上来，在地上打了一个滚儿，变成了孙悟空。

悟空笑了："嘻嘻！戏弄酷酷猴真好玩！我再变个花招。"

没有追上蟒蛇，酷酷猴继续赶路。突然，前面树林里传出一阵哭声。

酷酷猴心里琢磨：蟒蛇会不会是孙悟空变的？咦，树林里怎么会有人哭？

只见一只小熊拿着一条绳子正准备上吊，酷酷猴赶紧拦住。

酷酷猴问："小熊，你为什么要自杀？"

小熊哭丧着脸说："我们老师给我们留了一道数学题，我不会做，回家爸爸一定会狠狠打我的屁股！"

"为做一道数学题，也不至于自杀啊！"酷酷猴说，"你把那道题说一遍。"

小熊说："把 252 分成三个数，使这三个数分别能被 3，4，5 整除，而且所得的商相同，求这三个数各是多少。"

酷酷猴说："可以先求商。因为 $(3+4+5)\times$ 商 $=252$，所以商 $=\dfrac{252}{3+4+5}=\dfrac{252}{12}=21$。有了这个共同的商，就可以把三个数求出来：$3\times21=63$，$4\times21=84$，$5\times21=105$。"

小熊问："这是什么算法？"

"这叫作'已知全体求部分'。这种算法的特点是：只要知道了全体的数值，又知道各部分所占的比例，就可以把各部分求出来。"

小熊变成了孙悟空："我又学到一个数学秘诀，哈哈——"孙悟空笑着跑了。酷酷猴在后面追："果然是孙悟空变的！大圣，你别走！"

# 合力灭巨蟒

酷酷猴继续往前走，发现又有一条大蟒蛇跟在后面，酷酷猴以为又是孙悟空变的。

酷酷猴半开玩笑地说：“孙大圣，你又要什么花招？还是要数学秘诀？”

蟒蛇忽然缠住了酷酷猴，张开血盆大口要吞下他：“这猴子虽说瘦了点，但吃进肚子里也能管个把小时。”

酷酷猴慌了：“你怎么真吃呀？大圣救命！”

悟空变成一只蜜蜂，飞近酷酷猴的耳边小声说：“酷酷猴不要害怕，你照着他的左眼猛击一拳，我就把你换出去！”

“好！”酷酷猴照着蟒蛇的左眼猛击一拳。

“啊！”蟒蛇大叫一声，悟空乘机变成酷酷猴，站到原来的位置。

狂怒的蟒蛇叫道：“还敢打我？我吞了你！”他张开大嘴，一口把悟空变的酷酷猴吞了进去。

孙悟空高兴地说：“哈哈！进蟒蛇肚子里去玩会儿。”

“里面地方还挺大，待俺老孙练上一路棍！嗨嗨！”悟空在蟒蛇肚子里耍了起来，把蟒蛇疼得直打滚儿。

“哎哟！疼死我了！饶命！”

这时，一条白蛇和一条黑蛇来救蟒蛇。

白蛇问：“蛇王，我们怎么帮你？”

蟒蛇指指自己的肚子：“孙悟空在我肚子里，你们帮不了我。”

孙悟空在蟒蛇的肚子里说：“呀，你还是蛇王啊？想当头儿，数学必须好，我来考你两道题吧！”

蟒蛇哀求：“只要大圣不在我肚子里练功，题目随便出。”

“听说你们蟒蛇最爱吃兔子了。现在有一群兔子和若干条蛇，这些蛇想平分这群兔子。如果每条蛇分 4 只兔子，则多出了 2 只兔子；如果每条蛇分 5 只兔子，则少了 4 只兔子。你说说，有几只兔子几条蛇？”

蟒蛇摇摇头：“我脑子笨，不会算。白蛇，你脑子好使，你会算吗？”

白蛇也摇摇头：“这题太难，我也不会算。”

悟空叫酷酷猴：“酷酷猴，你来给他们算算。”

“来喽！”酷酷猴从树上跳了下来。

酷酷猴说：“设有 $x$ 条蛇，$y$ 只兔子。由‘如果每条蛇分 4 只兔子，则多出了 2 只兔子’得：$y=4x+2$。由‘如果每条蛇分 5 只兔子，则少了 4 只兔子’可得：$y=5x-4$。由于 $y=y$，得 $4x+2=5x-4$，$x=6$，而 $y=4\times6+2=26$。有 6 条蛇，26 只兔子。”

悟空在蟒蛇的肚子里问：“嘿，听明白没有？不过，我们的酷酷猴也不能白给你算哪！”

蟒蛇乖乖地答：“愿听大圣吩咐。”

悟空说：“把那条白蛇摔死！”

蟒蛇大吃一惊：“啊，把白蛇摔死？这怎么成？”

“不成我就练棍！嗨嗨！”悟空在蟒蛇肚子里又练起了棍。

“哎哟！疼死我啦！别练，别练！我摔，我摔！”蟒蛇用尾巴卷起白蛇，用力往地上摔了一下。

“下一个该我了，快逃吧！”黑蛇迅速逃跑。

悟空又说：“我再出第二道题啦。你看，黑蛇正往家逃，从这里到他家有 100 米，他以每秒 0.8 米的速度逃走，每跑 10 米，要休息 5 秒。黑蛇需要多长时间才能到家？”

蟒蛇赶紧说：“还是请酷酷猴来算吧！”

酷酷猴说：“可以先不考虑休息的时间。黑蛇以每秒 0.8 米的速度一口气逃回了家，跑了 100 米。需要的时间是 $100\div0.8=125$（秒）。黑蛇中间休息了 9 次，每次休息 5 秒，共 $5 \times 9 = 45$（秒），所以总的时间是 $125 + 45 = 170$（秒），要 2 分 50 秒才能到家。”

悟空在蟒蛇肚子里问：“怎么处理黑蛇，还用我教你吗？”

“不用，不用。我全明白。黑蛇，你往哪里跑？”蟒蛇又依样卷起黑蛇摔下。

悟空把蟒蛇的肚子捅了个大洞：“我从这儿出来吧！”他从洞中飞出来。酷酷猴拍手叫好。

蟒蛇大叫：“哇，我也没命啦！”

孙悟空搂着酷酷猴迎着朝阳走去，猪八戒跟在后面啦啦啦撒下一路歌声……

# 酷酷猴和沙和尚

## 河中的怪物

酷酷猴告别孙悟空和猪八戒，继续旅行，这一日来到一条大河边。酷酷猴想过河，可是河中一条船也没有，只见河边立有一石碑，上面写着“流沙河”三个字。

酷酷猴自言自语：“这就是有名的流沙河，《西游记》中的沙和尚就住在这里。我怎么过河呢？”

话音未落，突然河中掀起滔天巨浪，哗哗哗十分吓人。

“啊，这是怎么啦？”

只见沙和尚从巨浪中出现，他手执降魔杖，脖子上挂有由16个骷髅串成的念珠。

沙和尚问：“是谁在叫我沙和尚？”

酷酷猴解释：“我想过河，可是没有船，不知怎么过。”

“这个好办。”沙和尚摘下脖子上的一串骷髅，“你看，这 16 个骷髅上分别写着从 1 到 16 的数字。”

酷酷猴皱着眉头：“哇，吓死人啦！”

“你只要把这 16 个骷髅按着‘幻方’排列，再拔一根你身上的猴毛放到骷髅的正中间，就能做成一个过河的工具，你还愁过不了河？”

酷酷猴惊奇地问：“你也知道‘幻方’？”

“当然知道，是我二师兄猪八戒教给我的。”沙和尚十分骄傲地说，“二师兄遇到了一只叫酷酷猴的小猴子，这只小猴子鬼机灵，数学特别好！”

酷酷猴又问：“这 16 个骷髅摆成什么幻方？”

“把 1 到 16 这十六个数，排成四行四列的正方形，使得每一横行、每一竖行和两条对角线的四个数字之和都相等，就是‘四阶幻方’。”看来沙和尚还真懂。

“噢，四阶幻方啊！我会排。”酷酷猴用 16 个骷髅排出了“四阶幻方”，又拔了一根猴毛放在中间。

| 16 | 3 | 2 | 13 |
|---|---|---|---|
| 5 | 10 | 11 | 8 |
| 9 | 6 | 7 | 12 |
| 4 | 15 | 14 | 1 |

猴毛刚刚放好，16个骷髅就不见了，出现了一张飞毯。

酷酷猴高兴极了：“哈，不是船是飞毯！”

酷酷猴和沙和尚坐上飞毯，向对岸飞去。

酷酷猴在飞毯上又蹦又跳：“好噢！飞过河啦！”

沙和尚警告：“不要喊，黑龙正在睡觉呢！”

哗！河中忽然掀起黑色的巨浪，把飞毯掀翻，酷酷猴掉进了河里。

酷酷猴高呼：“沙和尚救命！”

只见水中钻出一条黑龙，手执钢叉，一把抓住了酷酷猴。

黑龙恶狠狠地说："我晚上失眠，中午睡觉就怕人吵，我刚睡着，你就大声喊叫，搅了我的好梦，该当何罪？"

酷酷猴解释说："我不是有意的，对不起！"

沙和尚跑了过来："黑龙，快把这个小猴子还给我，否则我打烂你的龙头！"

黑龙把眼一瞪："反正也睡不着了，我和你大战三百回合！"黑龙举叉就刺："看我的钢叉！"

沙和尚不敢怠慢，抡起降魔杖就砸："接我的降魔杖！"沙和尚和黑龙打在了一起。

酷酷猴看得目不转睛，嘴里一个劲儿地喊："酷！真酷！"

黑龙打累了，落到酷酷猴身边，对他说："看你小猴子长得挺聪明。我最相信算卦了，你给我算一卦，看我能不能赢沙和尚。"

"行！"说着，酷酷猴手中拿出两张卡片，"这两张卡片一样，一面写着'胜'，另一面写着'败'。我扔下这两张卡片，如果出现'胜''胜'，你就必胜；如果出现'胜''败'，就打平；如果出现'败''败'，你必输无疑。"

"好，你扔吧！"

酷酷猴把两张卡片扔在地上，卡片滴溜溜转了几圈，倒了下来，出现了“败”“败”两个字。

“啊，出现两个‘败’字，天绝我也！走啦！”黑龙大叫一声钻入水中。

沙和尚问酷酷猴：“小猴子，这是怎么回事？”

酷酷猴把卡片拾起来：“你看，两张卡片两面都写着‘败’，黑龙能不跑吗？哈哈！”

# 路遇假八戒

一只野猪精在河边转悠，他有好几天没吃东西了：“这里穷山恶水，什么好吃的也没有，饿死我啦！”

野猪精看见酷酷猴和沙和尚上了岸：“嘿，一只小猴子！送上门的美餐！不过沙和尚不好惹。对了，我变成猪八戒，把小猴子骗到手。”

“变！哈，猪八戒！”野猪精变成了猪八戒，但是耳朵比较短，扛的是七齿钉耙。

假八戒叫住沙和尚：“沙师弟，等等我！”

沙和尚感到奇怪：“咦？二师兄，你怎么跑到这儿来了？”

假八戒也不搭话，只是不断地闻酷酷猴：“我饿！找你要饭吃。真香，真香！”

酷酷猴觉得不对头，就说：“八戒，我给你出一道题，看看你饿晕了没有。”

假猪八戒说：“我要是答对了，我要吃什么，就得给我什么！”

“行！”酷酷猴说，“饭店里有大小两种包子，我看见一个人递给售货员一张两元的钱，售货员问他买大包子还是小包子。接着又进来一个人，也递给售货员两元钱，售货员连问也不问，就递给他一个大包子。你说售货员为什么不问后进来的那个人要什么包子呢？”

假八戒说：“那还用问吗？后来这个人一定是售货员的亲戚，售货员收了小包子钱，递给他一个大包子！对吧？”

“不对！”

沙和尚在一旁说：“二师兄心眼儿怎么变坏了？”

假八戒瞪着眼睛说：“谁像你那么傻！你不应该叫沙和尚，应该改名叫傻和尚！我说小猴子，我要是答得不对，你来说说是怎么回事。”

酷酷猴说：“大包子的价钱一定在一元五角钱以上，小包子的价钱在一元五角钱以下。”

“多新鲜哪！大包子肯定比小包子贵。”

“第二个人递给售货员的不会是一张两元的，也不会是两张一元的。比如是一张一元的和两张五角的，这时售货员就肯定知道他要买一元五角以上的包子，当然递给他一个大包子。”

“我到哪里去找肉包子？我吃顿猴肉吧！”假八戒张

嘴就咬酷酷猴。

酷酷猴高呼："沙和尚，救命！"

沙和尚用降魔杖抵住假八戒："二师兄怎么变得如此无理？"

酷酷猴说："他不是真八戒，你看他的耳朵短，而且扛的是七齿钉耙。真八戒扛的是九齿钉耙。"

野猪精变回原来面目，左右手各拿一把鬼头刀扑了上来："既然被你们看穿了，我就把小猴子和傻和尚一起吃了吧！"

"啊，是假货！"沙和尚叫道，"看杖！"

野猪精说："吃我一刀！"

沙和尚和野猪精打在了一起。

"嗨！嗨！"沙和尚越战越勇，把个降魔杖舞得呼呼生风。

野猪精有点儿招架不住："这个傻和尚力大杖沉，再打下去我就完了。"

"三十六计，走为上。我还是逃吧！"野猪精夹起酷酷猴就走。

酷酷猴问："你要把我带到哪儿去？"

野猪精说："回我的窝，2657号山洞。"

酷酷猴心想：回到他的洞，还有我的好？不是清蒸就是红烧！

酷酷猴大叫：“我要大便！”

野猪精放下酷酷猴：“嗨，真麻烦！快点！沙和尚追上来了。”

酷酷猴趁机在地上画了一张图。

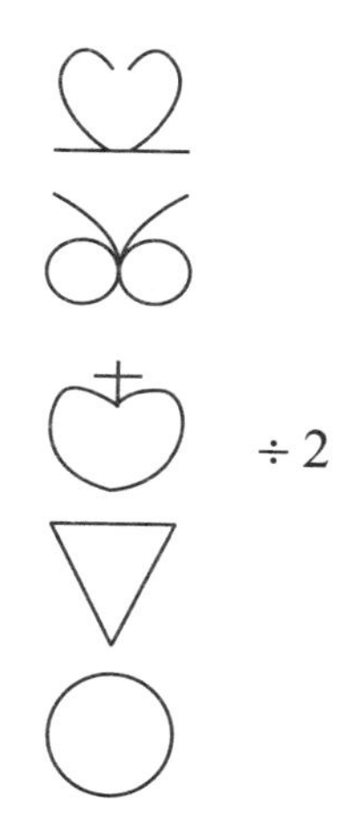


野猪精催促：“还有时间瞎画？快走！”

# 山中的女子

沙和尚拿着降魔杖追了上来，看到地上的画："咦，怎么野猪精和小猴子都不见了？这地上的画是什么意思？"

沙和尚琢磨："这四个图形都是左右对称的。这些图形除以 2 是什么意思？应该是只要一半。要右边的一半就是 2，6，5，7，连起来就是一个四位数 2657。最后一个圆圈代表一个洞。2657 号洞。"

在洞中，野猪精正用铁锅烧水，边烧边唱："今天吃白煮猴肉，这可是一道名菜啊！吃猴肉有神通，越吃越聪明！啦啦啦……"酷酷猴被捆在一旁，等着下锅。

沙和尚飞进洞中，一杖打穿铁锅："野猪精哪里逃！"

开水溅了野猪精一身："呀，烫死我啦！"

野猪精感到非常奇怪："傻和尚，你怎么这么快就找到我了？"

"小猴子给我留下了秘密联系图。"沙和尚举杖又砸，"看杖！"

野猪精自知不敌："哇，你们可以吃白煮猪肉啦！"沙和尚一杖打死了野猪精。

酷酷猴也饿得没劲儿了："饿死我了！有什么吃的没有？"

沙和尚感到为难："在这深山老林里，到哪儿去弄吃的？"

这时，一位年轻女子提着一个青砂罐走来。

酷酷猴忙问："这位大姐，青砂罐里装的是什么？"

女子柔声地说："是刚出锅的素馅儿包子，是用香油拌的馅儿。"

酷酷猴一听有包子，立刻来了精神："啊，素馅儿包子！有多少个？"

女子说："我把这罐里的所有包子的一半再加半个，给这位和尚；把剩下的一半再加半个给你；把剩下的一半再加半个给和尚；把最后剩下的一半再加半个恰好是 1 个包子给你，包子也分完了。注意，每次分的包子都是整个的，不许掰开。"

沙和尚捂着脑袋："这可把我给分晕了。"

"只要有包子吃，我不晕！这类问题应该倒着推。"酷酷猴说，"由于把最后的一个包子给了我，包子恰好分完。沙和尚第二次分得的是我第二次分得的两倍，是 2 个

包子。我第一次分得的是沙和尚第二次分得的两倍，应该是4个。而沙和尚第一次分得的是我第一次分得的两倍，分得8个。总数是1+2+4+8=15（个）。”

“对吗？我来算算。”沙和尚有点儿不放心，“15的一半是7.5，7.5+0.5=8，第一次分我8个没错！还剩下7个；7的一半是3.5，再加上0.5等于4，也对，还剩下3个；3的一半是1.5，加上0.5等于2，也对，还剩下1个；1的一半是0.5，再加上0.5正好是1。对！”

酷酷猴伸手要拿包子：“我可要拿包子啦！”

沙和尚急忙阻拦：“慢！在这荒无人烟的大山里，哪儿来的年轻女子？”

酷酷猴问："你说她是什么人？"

"据我的经验，她八成是妖精！你绕到她身后看看。"

女子生气地说："你这个出家人，怎么能胡说八道，诬蔑好人？"

酷酷猴绕到女子的身后，看见有一条狼尾巴："哇，一条狼尾巴！"

"我打死你这个狼精！"沙和尚举起降魔杖，向狼精打去。

"呀，我的戏法露馅儿了！我不和你傻和尚斗，我走了！"狼精化作一股旋风，呜的一声逃走了。

酷酷猴直奔青砂罐而去："哈哈，盛包子的罐子她没拿走。有包子吃啦！"

沙和尚忙说："慢着！"

酷酷猴已经打开了盖子，几只癞蛤蟆从罐里呱呱跳了出来。

"哇，不是包子，是癞蛤蟆！"连饿带吓，酷酷猴晕倒在地。

沙和尚扶起酷酷猴："小猴子，你怎么啦？"

## 知识点解析

### 还原解题

还原就是恢复事物的本来面目，一般还原问题采用倒推法，已知的是最后的结果和达到最终结果的每一步过程，未知的是最初的数据。有一些分数应用题，题中常常出现几个不同的单位“1”，如果按顺向思维解题很复杂，根据已知条件倒推，就会变得简单。故事中最后一个分得了1个包子，采用倒推得到包子总数是15个。

## 考考你

江南四大才子一起喝酒，才子乙把酒平均分成两份，倒了一份给才子甲，才子丙把酒平均分成三份，倒了一份给乙，才子丁把酒平均分成四份，倒了一份给丙，这时四个人手中的酒都是30两。原来每个人有多少酒？

# 大战黄袍怪

沙和尚叫了半天，也没把酷酷猴叫醒：“看来酷酷猴是饿晕了，我要背着他去找一处人家，弄点吃的。”沙和尚背起酷酷猴就走。

他们来到一个山洞，沙和尚把酷酷猴放到地上，抬头一看，只见洞门上面写着“波月洞”三个大字，大门紧闭着。

沙和尚一皱眉头：“波月洞？这不是黄袍老怪住的地方吗？怎么进去？”

门前贴有一张纸条，纸条上写着：

这里面装着5张卡片，你取出4张卡片，排成一个四位数，把其中只能被3整除的挑出来，按从小到大的顺序排好，取出组成第三个数的4张卡片，依次插入门缝，洞门即开。

沙和尚拿起五张卡片，上面分别写着0、1、4、7、9。

沙和尚摆弄着卡片说：“我挑哪四张呢？”

这时，酷酷猴醒过来，他说：“挑0、1、4、7这四张。”

“小猴子，你可醒了。为什么不挑 0、1、4、9 呢？”

“0＋1＋4＋9＝14，14 不是 3 的倍数，由它们组成的四位数不能被 3 整除。而 0＋1＋4＋7＝12，12 是 3 的倍数，所有由 0，1，4，7 组成的数才符合要求。”

沙和尚也爱动脑筋：“可是，1＋4＋7＋9＝21，由 1，4，7，9 组成的四位数也可以被 3 整除呀！为什么不取 1，4，7，9 这四张啊？”

酷酷猴一竖大拇指：“沙哥这个问题提得好。由 0，1，4，7 组成的四位数，前几个是 1047，1074，1407，1470……第三个是 1407。而由 1，4，7，9 组成的四位数，最小的是 1479，从小到大排，它要排在 1470 后面，要排第五个，前三个没它的份儿。”

“小猴子说得有理，我把 1、4、0、7 四张卡片依次插入门缝。”洞门果然开了。

酷酷猴高兴地说：“洞门开喽！我可以进去找吃的啦！”

“慢！小心里面有黄袍老怪！”沙和尚话音未落，黄袍老怪从洞里杀了出来。他长着青靛脸、红头发、白獠牙，身披黄袍，手拿一把追风取命刀。

黄袍老怪用刀一指：“何人如此大胆，敢闯我的山门？”

沙和尚解释：“我的兄弟小猴子饿坏了，来你这儿要点吃的。”

黄袍老怪把眼一瞪："我还饿了三天哪！你们来了，正好够我吃一顿的。拿命来！"

"黄袍老怪休要逞强，让你尝尝沙和尚的厉害！"

沙和尚拿杖，黄袍老怪拿刀，两人打在了一起。

两人你来我往，战了足有五十回合，沙和尚渐渐体力不支。

黄袍老怪叫道："我们已经大战五十回合，我越杀越勇！"

沙和尚没了精神："肚里无食，我已经打不动了。"

黄袍老怪飞起一脚："看招！"

"哎呀！"沙和尚被踢倒在地。

黄袍老怪举刀要砍沙和尚，酷酷猴上去保护："不许你伤害沙和尚。"

"他不是沙和尚，他是大老虎！不信你看。噗！"黄袍老怪对着沙和尚吹了一口气。

沙和尚立刻变成了大老虎，吓得酷酷猴跳了起来。

"哇，真是大老虎呀！"

黄袍老怪抓住酷酷猴就往山洞里走："用小猴子蘸酱油，再加点香菜末，吃起来，味道好极了！"

酷酷猴大叫："孙悟空救命！孙大圣快来呀！"

说时迟那时快，一道闪光，孙悟空从天而降，举棒就打："黄袍老儿，吃我一棒！"

黄袍老怪深知孙悟空的厉害："啊，这孙悟空来得怎么这么快呀？我快逃吧！"

"我把沙师弟变回来，噗！"孙悟空对着沙和尚吹了一口气，沙和尚变回了原样。

孙悟空递给酷酷猴一部手机："酷酷猴，我正在大学里学习现代科学技术。给你一部手机。以后找我，给我打电话就行啦。"说完，一个翻身就不见了。

酷酷猴高兴得跳了起来："酷！酷毙啦！"

沙和尚惊讶地说："原来你就是酷酷猴呀！怪不得数学那么好。以后我不再叫你小猴子了，叫你的大名酷酷猴！"

# 先斗银角大王

酷酷猴和沙和尚一同赶路。

酷酷猴说：“沙和尚，你已经送我很远了，不用再送了，让我自己走吧！”

沙和尚摇摇头：“这一带山高林密，妖怪经常出没。看，来到平顶山了。”

走上平顶山，他们发现一个叫“莲花洞”的山洞，酷酷猴探头往里看。

“这个洞叫‘莲花洞’，洞里一定有莲花，让我进去看看。”

沙和尚提醒：“留神！”

突然，一阵怪风呼地从洞里刮出，伴随着怪风，洞里飞出一个妖怪，他手里拿着七星剑。

妖怪大喝：“我乃银角大王，何人如此大胆，偷看我的山洞？”

“我是酷酷猴，想看看洞里有没有莲花，怎么啦？”

“偷看我山洞的秘密，还敢嘴硬，看剑！”银角大王举剑直取酷酷猴。

沙和尚用降魔杖挡住银角大王的七星剑：“哪来的银角魔怪？休要无理！”

银角大王把剑舞得银光闪闪：“吃我的削铁如泥的七星剑！”

沙和尚把杖抡得滴水不进：“尝尝我力大棒沉的降魔杖！”

两人大战一百回合，不分高下。银角大王取出一个红葫芦拿在手中，底朝天，口朝地。

银角大王问：“让你尝尝我紫金红葫芦的厉害！我叫你一声，你敢答应吗？”

沙和尚把嘴一撇：“别说是叫一声，就是叫十声，你沙爷爷也敢答应！”

银角大王叫：“沙——和——尚！”

“唉！”沙和尚一答应，立刻被吸进了葫芦里。

沙和尚纳闷儿：“怎么回事？我被吸进葫芦里了！”

银角大王锁好葫芦口的密码锁：“哈哈！我锁好密码锁，回洞喝酒去了！”

酷酷猴偷偷跟进洞里，见银角大王和几个妖怪正在开怀畅饮。

其中一个妖怪说：“大王果然厉害，把一百多千克重的沙和尚硬给装进小葫芦里了！”

银角大王得意地说：“不知道密码，沙和尚别想出来，哈哈！”

一杯接一杯，众妖怪都醉了。

银角大王举着酒杯：“咱们——再干十杯！我没醉！”

不一会儿，银角大王和几个妖怪都喝得烂醉如泥，酷酷猴趁机偷得红葫芦。

酷酷猴看葫芦上有字：

> 密码是由六位数 $1abcde$ 组成，把这个六位数乘以 3，乘积是 $abcde1$。

酷酷猴列出一个算式：

$$\begin{array}{r} 1abcde \\ \times \quad\quad 3 \\ \hline abcde1 \end{array}$$

“从右往左考虑。$e\times3$ 的乘积个位数是 1，而只有 $7\times3=21$，$e$ 必定是 7。由于 21 在十位上进了 2，这样 $d\times3$ 的乘积个位数必定是 5，可知 $d$ 等于 5。同样可推出 $c=8$，$b=2$，$a=4$。”

酷酷猴高兴地说：“哈，密码是 142857。我快打开

密码锁，救出沙和尚吧。”

沙和尚出了葫芦，要找银角大王算账：“这个魔头竟敢用暗器伤我，我要和他再战三百回合！”

“沙和尚不要动怒！”酷酷猴举着葫芦，“红葫芦现在在咱们手里，咱们也酷一把！”

“怎么酷？”

酷酷猴说：“你把那个银角大王叫出来。”

沙和尚对着洞口高喊：“银角小贼，快快出来受死！”

银角大王醉意全消，提剑出了山洞，看见沙和尚觉得十分奇怪：“咦，沙和尚，你怎么跑出来了？”

酷酷猴叫他的名字："银——角——大——王！"

"唉！"银角大王一答应，也被吸进了葫芦里。

酷酷猴笑着说："乖乖，你也一样进来！"

突然，天空中出现一个金角怪物："何人如此大胆，敢把我的兄弟装进葫芦里？"

酷酷猴说："这肯定是金角大王了！"

# 再斗金角大王

金角大王带着两个小妖——精细鬼和伶俐虫来了。

金角大王一指沙和尚："秃和尚，快把我的兄弟银角大王放了，不然的话，让你们死无葬身之地！"

沙和尚嘿嘿一阵冷笑："你吓唬小孩儿去吧！"

"精细鬼，伶俐虫，给我把这个和尚和小猴子拿下！"金角大王一声令下，精细鬼和伶俐虫各持一把弯刀，奔沙和尚和酷酷猴杀去。

"吃我一杖！"沙和尚只一杖就把精细鬼打死了。

金角大王抛出法宝幌金绳："沙和尚，尝尝我幌金绳的厉害！"

"哇！"沙和尚想逃走已经来不及了，幌金绳一匝接一匝地把沙和尚捆了个结实。

沙和尚对酷酷猴说："坏了，我被幌金绳捆了。"

金角大王哈哈大笑："量你也逃不出我的手心！"

这边伶俐虫追杀酷酷猴，横砍一刀："看刀！"

酷酷猴跳起抓住树枝上了树："嘻嘻，我上树了。"

“你往哪里逃！我也会上树。”伶俐虫爬上树继续追。

“吃我一泡尿！”酷酷猴从树上冲伶俐虫撒了一泡尿。

“这是什么武器？臊死啦！”伶俐虫被尿熏晕了。

酷酷猴笑着说：“这叫生化武器，只有我们猴子才有。嘻嘻！”

酷酷猴把伶俐虫捆了起来，缴了他的弯刀，问：“快告诉我，念什么咒语才能让幌金绳松绑？”

伶俐虫晃晃脑袋：“只有说出幌金绳的长度，才能松绑。”

酷酷猴把刀放在他的脖子上：“快告诉我，幌金绳有多长？”

伶俐虫说：“这个我不知道。只见过金角大王用它量

过身高。”

“量的结果是什么？”

“金角大王把幌金绳折成3段去量，绳子比他多出2米；金角大王把幌金绳折成4段去量，绳子还比他多出1米。”

酷酷猴开始计算：“幌金绳折成3段时：每一段绳长 $=\frac{1}{3}$幌金绳长 = 金角大王身高 + 2米；幌金绳折成4段时：每一段绳长 $=\frac{1}{4}$幌金绳长 = 金角大王身高 + 1米。两个式子相减：$(\frac{1}{3}-\frac{1}{4})$幌金绳长 $=2-1=1$（米），幌金绳长 $=1\div(\frac{1}{3}-\frac{1}{4})=1\div\frac{1}{12}=12$（米）。”

沙和尚冲酷酷猴喊：“快帮我把绳子解开！”

酷酷猴冲沙和尚喊：“12米。”

沙和尚正摸不着头脑，忽然发现捆绑自己的幌金绳自动松开了：“嘿，绳子松开了。我要去找那金角老妖算账去！”

见到金角大王，沙和尚喊道：“金角老妖吃我一杖！”

仇人见面分外眼红，金角大王狂叫：“你还我兄弟！看剑！”

金角大王用剑，沙和尚用杖，两人打在了一起。

酷酷猴拿着红葫芦，口冲下，底朝上，叫道：“金——

角——大——王！”

金角大王不由得答应：“唉——”

酷酷猴打开葫芦口，金角大王被吸进了葫芦。

银角大王看葫芦盖被打开，刚想从葫芦里出来，结果又被金角大王推了进去。

银角大王说：“大哥，我要出去！”

金角大王说：“兄弟，咱俩一块儿进去吧！”

酷酷猴给孙悟空打电话：“喂，是孙悟空吗？我们得了一条幌金绳，一个装有两个妖怪的紫金红葫芦，你来处理一下吧！”

孙悟空只翻了一个跟头，就赶到了。他拿着两件宝贝说：“这都是太上老君的东西，葫芦是装丹的，幌金绳是太上老君的裤腰带。”

酷酷猴吃惊地说：“啊，用这么长的裤腰带！这腰得有多粗哇！”

知识点 解析

## 盈亏问题

故事中，金角大王用绳子量身高，量了两次都有多余的绳子，要求“幌金绳”的长度，这类问题叫盈亏问题。盈亏问题是把一些物体平均分给一些对象，如果物体还有剩余，叫盈；如果物体不够分，叫亏。解决盈亏问题的关键是弄清盈、亏与两次分配差的关系。

考考你

孙悟空拿出金箍棒往空中一扔，说一声“变大”，金角大王连忙扔出另外一条更长的幌金绳缠住金箍棒，只见幌金绳绕金箍棒 5 圈多 3 米，绕 6 圈差 2 米，请问金箍棒现在一圈有多长？幌金绳有多长？

# 智斗红孩儿

沙和尚和酷酷猴一同前行。

酷酷猴说："你送了一程又一程，送君千里，终须一别，你还是回去吧！"

沙和尚摇摇头："你还在危险区中，前面妖怪多，我不放心哪！"

正说着，林中忽然传出"救命"的呼声："救命啊——救命！"

酷酷猴一愣："哪里有人喊救命？"

他们寻找一番，发现一个穿着红兜兜的小男孩，四肢被捆着倒吊在树上。

小孩看见酷酷猴，说道："我被强盗吊在树上，小猴子救命！"

"真可怜！别着急，我上树救你！"酷酷猴噌噌几下就爬上了树，把小孩救下来了。

酷酷猴对沙和尚说："你看这个小孩多可怜，你背背他吧！"

沙和尚背起小孩，心里犯嘀咕："这深山老林里怎么会出来一个小孩？奇怪！"

沙和尚背着小孩没走几步，就满头是汗："不对呀！这小孩怎么越背越沉？他一定是个妖怪！"

酷酷猴说："哇——这么漂亮的小孩会是妖怪？你可别是饿昏了吧！"

沙和尚一侧身，把小孩扔进山涧里："看我沙和尚老实是吧？让你尝尝我的厉害！"

酷酷猴大惊："啊，你怎么能把他扔进山涧里！太残忍啦！"

突然，被扔下山涧的小孩手提火尖枪从"火云洞"中飞出。

小孩用手一指："呔！我乃牛魔王之子——红孩儿是也。我听说吃了酷酷猴的肉，数学水平可以增长十倍，我在这儿等候你们多时了。"

到这时，酷酷猴才明白："呀，真是妖精，还要吃我的肉！"

"我要把你这个小红妖精劈成八瓣！嗨！"沙和尚抡杖就打，红孩儿举枪相迎。

"我先收拾了你这个老和尚，再吃酷酷猴也不迟。"

两人大战五十回合，红孩儿渐渐体力不支，他虚晃一枪，逃回“火云洞”。

沙和尚在后面紧追：“小红妖精哪里逃！”

红孩儿说：“有种的你别走！”

不一会儿，红孩儿领小妖从洞中推出五辆小车，地上事先画有一个 3×3 的方阵，小妖把小车推到方阵中，各自占据一个格（下图画圈的五个格里）。

| ② | 1 | ⑨ |
|---|---|---|
| 4 | ③ | 8 |
| ⑥ | 5 | ⑦ |

红孩儿对小妖说：“给他们摆个‘阶梯火龙阵’，让他们尝尝我红孩儿的厉害！”

红孩儿右手攥着拳头，照自己鼻子上“嗨！嗨”猛捶两拳。

酷酷猴正瞧着纳闷儿，只见红孩儿用枪向前一指：“烧——”他口中喷火，五辆车上也燃起大火，大火直向酷酷猴和沙和尚扑来。

酷酷猴和沙和尚惊慌失措。

“哇，猴屁股着火啦！”

“我头上的几根毛也着了！”

红孩儿高兴地说：“哈哈，小的们，咱们先进洞休息，待一会儿出来吃烧猴肉。”

“得令！”众小妖得胜收兵。

沙和尚和酷酷猴商量对策。

沙和尚咧着嘴说：“他的火龙阵太厉害啦！”

“我看出来啦！红孩儿排的是‘阶梯火龙阵’，也就是说，第二行的 3 位数 438 正好是第一行的 3 位数 219 的 2 倍，第三行的 657 正好是 219 的 3 倍。而当 1 在第一行的正中间时，火焰就向前烧。”

“你有办法破他的阵吗？”

“我让他的‘阶梯火龙阵’的倍数关系保持不变，而把 1 调到第三行的正中间，我这么一改，火就会往后烧。你就瞧好吧！”酷酷猴偷偷溜了过去，把红孩儿画在地上的“阶梯火龙阵”改了。

| | | |
|---|---|---|
| 2 | 7 | 3 |
| 5 | 4 | 6 |
| 8 | 1 | 9 |

沙和尚十分谨慎：“我算算：$546=2\times273$，$819=3\times273$，对！倍数的关系没变。没错！”

酷酷猴说：“叫阵！”

沙和尚在火云洞前叫阵：“小红妖精，你把沙爷爷的头发燎没了，快快出来受死！”

红孩儿带着五辆车出来：“这和尚还真经烧！我这次就要把你烧透了。”

红孩儿又打自己鼻子两拳，用枪往前一指：“嗨！嗨！给我烧！”

这时，火焰忽然向后烧，把红孩儿和小妖烧着了。

红孩儿大惊：“哇，这火怎么向后烧了？”

众小妖大叫：“救命啊！”

酷酷猴得意地说：“这叫‘以其人之道还治其人之身’！哈哈！”

# 激战鳄鱼怪

战胜了红孩儿，酷酷猴和沙和尚来到一条大河旁，只见河边立着一石碑，上面写着“衡阳峪黑水河”。

酷酷猴看着这墨一样的黑水说：“咱俩来到了黑水河，怪不得河水这么黑呀！”

这时，两个路人乘上一条小船，一名船夫正撑篙渡他们过河。

酷酷猴高兴了：“嘿，那儿有一条小船，等一会儿咱俩也坐那条船过河。”

沙和尚却摇摇头：“我看那名船夫满脸妖气，不像好人！”

船行得很快，转眼到了河中央。只见船夫用篙在空中画了一个圆圈，又大叫一声：“嗷——来吧！”黑水河忽然掀起了阵阵巨浪。

两名乘船的路人掉进河里，船夫变成了一条大鳄鱼。只见他长着方脸孔、蓝眼睛，一头乱发，穿着一身铁甲战袍，正张开血盆大口在咬乘船的人。

乘船的人大喊："救命啊——"

鳄鱼精大笑："哈哈，又一顿美餐！"

"可恨的妖孽，拿命来！"沙和尚飞身直奔过去，抡起降魔杖，照鳄鱼精打去。

"嘿，来了一个管闲事的和尚。"鳄鱼精手执一根竹节钢鞭，和沙和尚打在了一起。

沙和尚喝道："小小妖孽有何本事？"

鳄鱼精也不示弱："让你尝尝我竹节钢鞭的厉害！嗨！嗨！"

鳄鱼精哪里是沙和尚的对手，没战上几个回合，体力已经不支。

鳄鱼精说："秃头和尚果然厉害，我去把虾兵蟹将搬来助阵！"说完，钻进水中搬救兵去了。

沙和尚追了上去，大喊："妖怪，你往哪里逃？"可惜晚了一步。

突然，河里波涛汹涌，河面上出现了由虾兵蟹将组成的方阵（下页示意图中□表示虾兵，★表示蟹将）。

鳄鱼精叫道："这是由虾兵蟹将组成的方阵，其中蟹将占了其中的两行和两列，蟹将共有 76 名，你能知道虾兵蟹将一共有多少吗？"

沙和尚直挠头："让我打这些虾兵蟹将不在话下。如

果算的话，还要靠酷酷猴。”

酷酷猴说：“你打，我算，妖精准完蛋！不过，你先算算试试。”

“好，我先试试。蟹将占了方阵中的两行和两列，如果把列换成行，不妨看成是四行。四行共有 76 名蟹将，每行有 $76 \div 4 = 19$（名），方阵总数是 $19 \times 19 = 361$（名），我算出来了，总共有 361 名虾兵蟹将。”

酷酷猴连连摆手：“不对，不对！”他在地上列了一个算式：“应该这样算。方阵中每行蟹将有：（76 + 2 × 2）÷ 4 = 20（名）。”

沙和尚摇头：“76 为什么还要加上 2 × 2 再除以 4？不懂！”

酷酷猴给沙和尚讲解：“左上角的 4 名蟹将在按行数蟹将的时候，数过他们一次；而按列数蟹将的时候又数过他们一次。在方阵中，这 4 名蟹将一个顶两个用了，所以要再加上他们一次。”

酷酷猴算出总数：“这个虾兵蟹将方阵一行有 20 名，总共有 20 × 20 = 400（名）虾兵蟹将。”

“嗨，我以为有多少哪！才区区 400 名。擒贼先擒王，我还是先拿下这个鳄鱼精吧！”

“看杖！”沙和尚一杖下去，鳄鱼精举鞭相迎，只听咔嚓一声，鳄鱼精的竹节钢鞭被打断成两节。

鳄鱼精大叫："我的手都被震麻了！我还是快跑吧！"

"鳄鱼精，你哪里逃！"沙和尚在后面紧追。

突然，鳄鱼精用尾巴猛扫沙和尚："吃我的回马枪！"

只听啪的一声，沙和尚被扫倒在地。沙和尚说："好厉害的尾巴！"

沙和尚趁势又打一杖："我让你猖狂！"把鳄鱼精的尾巴打断成两节。

鳄鱼精忙逃进虾兵蟹将方阵。他将手一举："小的们，拦住这个和尚！"

虾兵蟹将齐呼："杀呀！"直奔沙和尚杀来。

沙和尚抡起降魔杖大喊："不怕死的上来！嗨！"

"哇——没命啦！"虾兵蟹将纷纷倒地。

酷酷猴在岸上叫："沙和尚，把那些半死不活的虾兵蟹将扔几只上来，我要吃海鲜！"

"好的，快接着！管饱！"

# 虎力大仙

吃饱喝足了，沙和尚和酷酷猴继续往前赶路，只见许多老百姓正往回跑，他们边跑边喊："吃人啦！虎力大仙吃人啦！"

酷酷猴一愣："这是怎么回事？"他拉住一位老人问个究竟："老大爷，谁吃人了？"

老人上气不接下气地说："是——虎力大仙。他——守住一个山口，给每个过路的人出一道智力题，答出来的人可以过，答不上来的人，就——会被吃掉！"

酷酷猴对沙和尚说："咱们去会会这位虎力大仙。"

沙和尚点头："好！咱们要为民除害！"

虎力大仙正把住山口，远远看见酷酷猴和沙和尚走来。

虎力大仙高兴了："嘿，又来两个送死的！"

酷酷猴一指虎力大仙："喂，你快点出题！我都等不及啦！"

"还有等死等不及的？小的们，把旗举出来！"虎力大仙一挥手中的令旗，一排小妖陆续走了出来，每个小妖都举着一面旗。第1名举着红旗，第2、3名举黄旗，第4、5、6名举蓝旗，第7、8、9、10名举绿旗，第11名又举红旗。

虎力大仙说："这旗的颜色变化是有规律的，我问你，第85名的旗应该是什么颜色的？"

沙和尚一皱眉头："第85名还没出来呢，我哪知道他举什么颜色的旗！"

"答不出来，我可要吃你啦！"虎力大仙张开大嘴就朝沙和尚扑去，"我吃个和尚，好早日升天！"

酷酷猴拦住虎力大仙，说："慢！我还没回答你的问题呢！"

虎力大仙催促："快说！我好把你们一起吃掉！"

酷酷猴十分肯定地说："第85个小妖举的是蓝色旗。小妖举旗的变化是有循环规律的：举红、黄、蓝、绿旗这一轮的小妖数是$1+2+3+4=10$（名），第85名是转了8轮，还余5。所以第5名小妖应该举蓝旗。"

"真倒霉！竟然让你蒙对了！"虎力大仙挥挥手，"算你们命大，过去吧！"

酷酷猴站着不动："还不能过！我还没出题考你呢！"

虎力大仙双目圆睁："什么？我没听错吧？你敢考我？"

酷酷猴继续说："如果你答对了，我们就过去。如果

你答错了，你要吃沙和尚一杖！”

虎力大仙满不在乎：“没有我回答不上来的问题。”

“把 1，2，…，1997，1998 放在一起，组成一个很大的数，即 12……19971998，问：这个数有多少位？”

虎力大仙把这个数写在地上，直发愣：“这么大的数我怎么数哇？1 个，2 个，3 个……哇，我都数晕了！”

酷酷猴问：“你认不认输？”

“吃我一杖！”沙和尚举杖要打。

“慢！”虎力大仙说，“我不认输，你要是能数出来，我就认输！”

“好，我让你输得心服口服。从 1 到 1998 共有 9 个一位数，90 个两位数，900 个三位数，999 个四位数。”

虎力大仙掰着手指数：“从 1 到 9 是 9 个数，从 10 到 99 是 90 个数，从 100 到 999 是 900 个数，从 1000 到 1998 是 999 个数，可是往下怎么算？”

酷酷猴说：“两位数占两位，三位数占三位，四位数占四位。因此，总的位数是 $9+2\times90+3\times900+4\times999=6885$（位）。一共有 6885 位数。”

“害人精，吃我一杖！”沙和尚举起降魔杖，虎力大仙抽出双刀迎了上去。

虎力大仙狂吼：“不吃人，我怎么活呀？”

沙和尚横扫一杖，正打在虎力大仙的头上：“嗨！”

虎力大仙大叫：“哇——吃不了人啦！”

老百姓纷纷过来感谢沙和尚和酷酷猴：“谢谢你们为我们除了一害！”

酷酷猴说：“这是我们应该做的！”

知识点解析

## 页码问题

故事中的问题是求12345……19971998一共有多少位数。解决这个问题，分以下步骤：先数一位数，有9个（每个数占一位）；再数两位数，有90个（每个数占两位）；再数三位数，有900个（每个数占三位）；最后数四位数，有999个（每个数占四位）。一共有$9\times1+90\times2+900\times3+999\times4=6885$（位）。生活中还有地方会用到这种解法，如每一本书都有页码，而页码中就存在着有趣的数学问题。编一本书的页码一共需要多少个数字呢？反过来，知道编一本书的页码所需的数字数量，求这本书的页数。

| 页码 | 页数 | 所用数字个数 | 自首页起所用数字总数 |
| --- | --- | --- | --- |
| 1 ~ 9 | 9 | 9 | 9 |
| 10 ~ 99 | 90 | 180 | 189 |
| 100 ~ 999 | 900 | 2700 | 2899 |
| 1000 ~ 9999 | 9000 | 36000 | 38889 |

考考你

图书馆的一本藏书不小心被老鼠咬掉了书角，刚好有一些页码不见了。修复这本藏书的页码时，已知两位数的页码用了42个数字，三位数的页码用了120个数字。想一想，这本书被咬掉的是哪几页呢？

# 童男童女

酷酷猴和沙和尚走着走着，路过一座大宅院，听到里面传出呜呜的哭声。

酷酷猴一惊："里面有人在哭？"

沙和尚说："进去看看。"

他们在院中遇到一位老者，酷酷猴问："老大爷，出什么事了？"

老人叹了一口气："唉，东边通天河里住着一个水怪，每年都要吃一对童男童女。今年该吃我的一对儿女了。这让我怎么活呀！呜——"说到伤心处，老人又哭了起来。

沙和尚气得直咬牙："咱们不能见死不救啊！"

"那怎么办呢？有了，沙和尚，你会变化，你可以变成一个小男孩，我假扮成小女孩。"

"好主意！"

酷酷猴对老人说："老大爷，请你给我准备一个特大个儿的爆竹，一个特大号的鱼钩，一盘钢丝绳。"

沙和尚喊了一声："变！"变成一个胖胖的小男孩。

酷酷猴看了看："嗬，果然变成了一个小男孩，就是胖了点儿，丑了点儿。"

老人吩咐女佣把酷酷猴打扮成一个小女孩。

女佣说："我给你戴上假发，穿上花衣服。"

沙和尚乐了："嘻，挺像女孩儿，就是瘦了点儿，也不俊。"

沙和尚和酷酷猴变成的童男童女，并肩坐在方形的供桌上，面前有一粗一细两根蜡烛，还供有香。四个用人把方桌抬起。

老人连连作揖："祝二位恩人平安，早日把水怪除掉！"

酷酷猴一龇牙："嘻嘻！老大爷，你就瞧好吧！"

用人把供桌放到通天河边，就都回去了。河边只剩下酷酷猴和沙和尚。

酷酷猴问："沙和尚，你说水怪是先吃你呀，还是先吃我？"

沙和尚说："当然先吃男孩了。"

河里忽然掀起巨浪，水怪出现了。只见水怪穿戴着金盔金甲，腰缠宝带，眼亮如明月，牙利似锯齿。

他见到酷酷猴和沙和尚就大笑："乖乖，童男童女早就准备好了，就等着我吃了！哈哈！"

酷酷猴指着水怪说："喂，水怪，你来晚了！"

水怪有点儿纳闷："嗯？还有人希望我把他们早点吃掉？你说我来晚了多少时间？"

酷酷猴说："供桌上点有一粗一细两根蜡烛。知道粗蜡烛可以点 5 小时，细蜡烛可以点 4 小时。我们到这儿就把两根蜡烛点上了，现在粗蜡烛的长度恰好是细蜡烛的 4 倍，你说我们等了多长时间了？"

"啊，考我数学题？"水怪说，"我听说只有神仙才会做数学题，妖怪都不会。"

"不会就要好好听着点，我小——美女算给你听！"酷酷猴边写边说，"我用方程给你算。设已经点了 $x$ 小时，由于粗蜡烛可以点 5 小时，因此粗蜡烛每小时点去它长度的$\frac{1}{5}$，而细蜡烛每小时点去它长度的$\frac{1}{4}$。"

水怪点点头："说得对！"

酷酷猴又说："现在粗蜡烛的长度恰好是细蜡烛的 4

倍，可以列出方程：

$$1-\frac{1}{5}x=4\left(1-\frac{x}{4}\right),$$

解出 $x=\frac{15}{4}$。

我们等你有 3 小时 45 分钟了。”

“过去我都是先吃童男，今天既然小美女等得这么着急，长得又这么可爱，我就先吃你吧！”水怪张开大嘴朝酷酷猴咬去，酷酷猴趁机把爆竹点着，扔进水怪的嘴里：“让你尝尝这美式快餐吧！嘻嘻！”

轰！爆竹在水怪嘴里爆炸。水怪大叫：“哇，疼死我啦！”一个翻身钻进水中。

沙和尚忙说：“别让他跑了！”

“他跑不了，大爆竹里有特大号的鱼钩，鱼钩早把他钩上了。”酷酷猴手里拿着钢丝绳说道。

酷酷猴和沙和尚合力拉钢丝绳，酷酷猴唱号子：“咱俩齐努力呀——”

沙和尚跟上：“哎咳咳呦——”

他们从河里拉出来一条金鳞金甲的大鱼。

“原来是条鱼精。”沙和尚照着大鱼猛打一杖，“看你以后还害不害人！”

# 智擒青牛精

酷酷猴和沙和尚上了一座大山，看到一个山洞，洞口上写着“青牛洞”三个字。

酷酷猴兴奋地说：“这‘青牛洞’里一定有大青牛，咱们逮上一条骑着走，那该多省力啊！”

沙和尚摇摇头：“怕没那么多好事。”

“我进洞逮牛去！”好奇心驱使酷酷猴独自走进洞里。

沙和尚嘱咐：“多加小心！”

不一会儿，酷酷猴被青牛精用牛角顶了出来。

沙和尚问：“哎，你怎么没骑着牛出来呀？”

酷酷猴苦笑：“用角顶出来，速度更快！”

青牛精把酷酷猴狠狠摔倒在地：“一只小猴子，想找死啊！哞——”

沙和尚赶紧拿杖来救：“畜生，休要逞强。看杖！”

青牛精亮出钢枪，和沙和尚战到了一起。

“我先收拾你这个秃和尚，看枪！”

“我与你大战三百回合！”

战了有一百多个回合，青牛精看不能取胜，口中念念有词："牛奶、牛排、牛肉汉堡，收！"他向空中扔出一个钢圈，沙和尚的降魔杖立刻脱手，被钢圈套走。

"哇，我的降魔杖飞了！咦，他的咒语里怎么都是好吃的？"

酷酷猴和沙和尚在前面跑，青牛精挺枪在后面追："哪里跑！"

酷酷猴说："快上树，牛不会爬树！"沙和尚和酷酷猴爬到树上。

"我只好打孙悟空手机了。喂，孙大圣吗？快来救我们！"

青牛精坐在树下等候："我看你们能在树上待一辈子？"

突然，孙悟空从天而降，举棍就打："大胆妖魔，吃你孙爷爷一棍！"

青牛精挺枪相迎："你是我爷爷？不对！我爷爷是牛，不是猴！"

青牛精口中念着口诀："牛奶、牛排、牛肉汉堡，收！"他又向空中扔出一个钢圈，孙悟空的金箍棒立刻脱手，被钢圈套走。

孙悟空也吃了一惊："乖乖，我的金箍棒也被他没收了！我也只好上树了！”

孙悟空和酷酷猴坐在树枝上商量对策。

孙悟空问：“酷酷猴，你看怎么办？”

酷酷猴想了一下，说：“你不是会变化吗？你变成蚂蚁爬到他的钢圈上，看看有什么秘密。”

“这个容易。”孙悟空变成蚂蚁追上青牛精。青牛精在大树下休息，蚂蚁又爬上钢圈，把钢圈里里外外转了个遍。

蚂蚁自言自语：“外面有 12 个方格，间隔着写有三个数。里面还有字，写着：把空格中都填上数，使得任何四个相邻数字之和都等于 18，此圈功能失效。”

突然，孙悟空发现了自己的金箍棒：“嘿，金箍棒在这儿，我拿走吧！”

孙悟空恢复了原样，回到树上，把 12 个方格画出。

孙悟空指着方格，对酷酷猴说：“只要把空格都填上数，使得任何四个相邻数字之和都等于 18，这个圈就完蛋了！你看，我还顺手把金箍棒拿回来了。”

|  |  |  | 3 |  |  | 7 |  | 6 |  |  |  |
|---|---|---|---|---|---|---|---|---|---|---|---|

酷酷猴说：“既然任何四个相邻数字之和都等于

18，那么在圆环上，数字的出现必然是循环的。从和 18 中减去 3，7，6，求差：18－3－7－6＝2。你按下面的数字去填。”

| 6 | 2 | 7 | 3 | 6 | 2 | 7 | 3 | 6 | 2 | 7 | 3 |
|---|---|---|---|---|---|---|---|---|---|---|---|

孙悟空跳下树，又变成蚂蚁爬上钢圈，把空格中的数字都填上。

孙悟空恢复了原样，照着青牛精抡棍就打：“我打死你这头笨牛！”

青牛精感到奇怪：“咦？孙猴子什么时候把金箍棒拿走了？”

孙悟空和青牛精战到了一起。孙悟空越打越来劲：“嗨！嗨！嗨！”一棍紧似一棍。

青牛精渐渐体力不支：“孙悟空的棍，一棍更比一棍重。我还是把我的宝圈扔出去吧！”

青牛精又把钢圈抛向空中，口念咒语：“牛奶、牛排、牛肉汉堡，收！”

孙悟空把金箍棒递出去让他套：“给你金箍棒，你套啊！这次你念出牛舌饼来也没用了。”

钢圈又被抛向空中，酷酷猴在树上伸手把钢圈接住：

“收！”

青牛精一看宝贝不起作用了，惊出一身冷汗：“啊，他把宝圈给没收啦！”

孙悟空一棍将青牛精打倒在地：“你给我老老实实躺下吧！”

青牛精哞的一声摔倒在地。

孙悟空将钢圈穿过青牛精的鼻子：“这个钢圈正好当青牛精的鼻环，我把牛牵走了！”

酷酷猴向孙悟空招手：“谢谢孙大圣，再见！”

# 真假沙和尚

酷酷猴有些尿急："沙和尚，我去方便一下。"

沙和尚说："快去快回。"

酷酷猴方便回来，发现了奇怪的现象：两个一模一样的沙和尚同时在叫他。

左边的沙和尚喊："酷酷猴，快来！"

右边的沙和尚也喊："酷酷猴，快来！"

酷酷猴左右为难："嘿，出了两个沙和尚，哪个是真的？"

两个沙和尚打了起来。

左边的沙和尚高叫："我打死你这个假沙和尚！"

右边的沙和尚也高喊："我打死你这个假沙和尚！"

酷酷猴一捂脑袋："哇——乱了套啦！"

酷酷猴琢磨分辨的方法："怎么才能分出真假呢？对啦，真沙和尚和我走了一路，学了不少数学知识，他的解题能力肯定比假的强。我考考他们俩。"

酷酷猴分开两个沙和尚："住手！我来出道题考考你们，看看谁真谁假。"

左边的沙和尚点头："行！"

右边的沙和尚也点头："行！"

酷酷猴说："我前些日子遇到的妖怪，除了两个以外都是虎精，除了两个以外都是鱼精，除了两个以外都是牛精，你们说说我遇到了多少妖怪？"

一个沙和尚说："起码有一二百个妖怪！"

酷酷猴问："为什么？"

这个沙和尚说："你想啊，除了两个以外都是虎精，这虎精就多了，起码有几十个。鱼精有几十个，牛精有几十个，加起来还不有一两百！”

酷酷猴给这个沙和尚的脑门儿上贴了一个圆片。

这个沙和尚高兴地说：“嘿，我答对了吧？我是真沙和尚。”

另一个沙和尚出来说话：“他说得不对！酷酷猴前些日子只遇到了一只虎精、一只鱼精和一只牛精，一共是三个妖怪。除了鱼精和牛精就都是虎精了，其他两个说法也一样。”

酷酷猴眼珠一转：“答一道题还难分真假。你们再听我第二道题：有两个自然数，这两个自然数相乘，把乘积往镜子里一照，镜子里出现的数恰好是这两个数之和。问：这两个数各是几？”

头上贴圆片的沙和尚抢着说：“6 和 8，6 是六六顺，8 是发发发！这可是两个吉祥数啊！听说挑这两个数的汽车牌，还要多花钱哪！”

另一个沙和尚说：“不对！考虑从 1 到 9 这九个数，只有 1 和 8 从镜子里看还是数，别的数都不成。$9\times9=81$，从镜子看是 18，而 $9+9=18$，正好合适。”

酷酷猴给这个沙和尚的脑门儿上也贴了一个圆片。

酷酷猴给孙悟空打电话：“喂，孙悟空吗？我这儿出现了两个沙和尚，不过我已经知道真假了，你来处理一下吧！”

过了一会儿，猪八戒匆匆赶来："孙猴子说，他正在参加数学考试来不了，让我老猪来处理一下。"

酷酷猴拉住猪八戒的手："八戒，好久不见！"

猪八戒问："酷酷猴，这两个哪个是真沙和尚，哪个是假沙和尚？"

酷酷猴说："揭下他们脑门儿上的圆片，就会真相大白！"

"我先揭这个。"猪八戒揭下一个圆片，上面写着"真"。

"啊，不用说，你是我的沙师弟喽！"猪八戒和沙和尚搂抱在一起。

另一个沙和尚一看事情已经败露，立刻现出本相，原来是一只熊精。他手使两把大锤杀了过来："看我把你们三个统统消灭！"

猪八戒一招手："沙师弟，上！"

"好的！"沙和尚抡杖，猪八戒使耙，一左一右夹攻熊精。

大战了五十回合，熊精露出一个破绽，被猪八戒一耙打死了。

猪八戒说："一耙九个窟窿，我把你打成筛子！"

酷酷猴跳起来："好啊！我们胜利啦！"

知识点 解 析

## 镜子中的数学

我们在日常生活中经常会和镜子打交道，镜子是可以成像的，但是镜子里的像与我们真实的人、物、图形之间有什么关系呢？故事中两个自然数 9 相乘，积为 81，而镜子里面显示的是 18，正好是两个 9 的和。照镜子时，镜子内外的事物上下、前后位置不会发生改变，而左右位置发生对换。

考考你

酷酷猴早上去锻炼身体，这时从镜子中看到钟面是 6 点 10 分，急忙去跑步，回家时妈妈告诉他现在才 6 点 10 分，请问酷酷猴跑步跑了多长时间？

# 答案

**卫兵排阵**

72种。

八戒先站，有12个位子可选；八戒站好以后，孙悟空有6个位子可选，一共有$12\times6=72$（种）站法。

**智斗蜘蛛精**

末位数字是7。

积的个位数字以3，9，7，1为一个周期，$999\div4=249\cdots\cdots3$，积的个位是7。

**救出猪八戒**

猪＝1；八＝4；戒＝8；懒＝0。

**早点上西天**

按照孙悟空、唐僧、沙僧、猪八戒的顺序安排解毒，总时间为144分钟。

| 人物 | 解毒时间 | 等候时间 |
| --- | --- | --- |
| 孙悟空 | 7 | |
| 唐僧 | 12 | 7 |
| 沙僧 | 25 | 7＋12 |
| 八戒 | 30 | 7＋12＋25 |
| | 74 | 70 |
| 总时间 | 74＋70＝144（分钟） | |

**解救八戒**

19

$M☆N=6M-5N$，

$14☆(8☆7)$

$=14☆(6\times8-5\times7)$

$=14☆13$

$=14\times6-13\times5$

$=19$

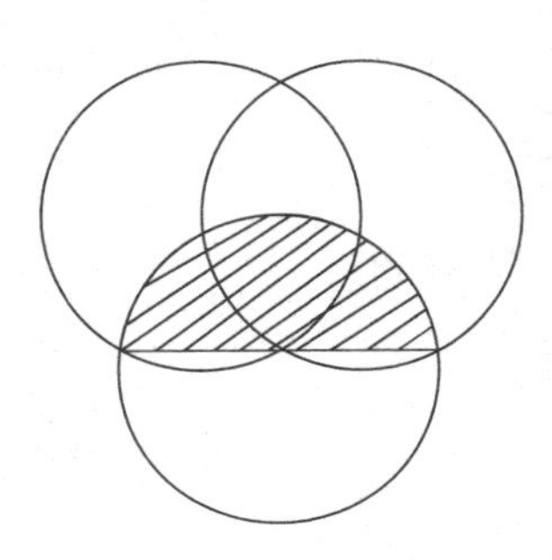

**捉拿羚羊怪**

6.28平方米。

利用图形的对称性，通过分割和移补，将原图转化为上图，阴影部分的

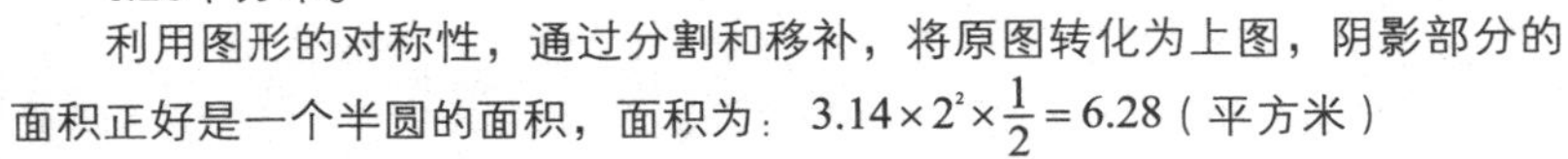

面积正好是一个半圆的面积，面积为：$3.14\times2^2\times\frac{1}{2}=6.28$（平方米）

**重回花果山**

7层。

最外层总数为：$(50-1)\times4=196$（只）

$196+188+180+172+164+156+148=1204$

**再斗阵法**

每行、每列、对角线的和为65。

| 17 | 24 | 1 | 8 | 15 |
|---|---|---|---|---|
| 23 | 5 | 7 | 14 | 16 |
| 4 | 6 | 13 | 20 | 22 |
| 10 | 12 | 19 | 21 | 3 |
| 11 | 18 | 25 | 2 | 9 |

### 山中的女子

甲10两，乙40两，丙30两，丁40两。

丁原来有：$30\div(1-\frac{1}{4})=40$（两）

丙原来有：$(30-40\times\frac{1}{4})\div(1-\frac{1}{3})=30$（两）

乙原来有：$(30-30\times\frac{1}{3})\div(1-\frac{1}{2})=40$（两）

甲原来有：$30-40\times\frac{1}{2}=10$（两）

### 再斗金角大王

金箍棒粗：$(3+2)\div(6-5)=5$（米）

幌金绳长：$5\times5+3=28$（米），或$5\times6-2=28$（米）

### 虎力大仙

79～139页。

起始页：$42\div2=21$，$99-21+1=79$（页）

末尾页：$120\div3=40$　$100+40-1=139$（页）

### 真假沙和尚

20分钟。

从镜子中看到的6：10，其实实际时间是12－6：10＝5：50，5：50到6：10经过了20分钟。

# 数学知识对照表

| 书中故事 | 知识点 | 难度 | 教材学段 | 思维方法 |
| --- | --- | --- | --- | --- |
| 卫兵排阵 | 乘法原理 | ★★★ | 五年级 | 分步骤完成 |
| 智斗蜘蛛精 | 奇妙的余数 | ★★★★ | 四年级 | 找到周期，算出余数 |
| 救出猪八戒 | 算式谜 | ★★★★ | 三年级 | 找突破口 |
| 早点上西天 | 合理安排时间 | ★★★★ | 三年级 | 等候时间 |
| 解救八戒 | 定义新运算 | ★★★ | 五年级 | 自定义规则要求 |
| 捉拿羚羊怪 | 圆的面积 | ★★★★★ | 六年级 | 巧妙割补拼接 |
| 重回花果山 | 方阵问题 | ★★★★ | 四年级 | 每层、每边的人数 |
| 再斗阵法 | 幻方问题 | ★★★★★ | 四年级 | 奇数阶幻方的填法 |
| 山中的女子 | 还原解题 | ★★★★ | 六年级 | 倒推法 |
| 再斗金角大王 | 盈亏问题 | ★★★★ | 四年级 | 盈、亏与分配差 |
| 虎力大仙 | 页码问题 | ★★★★ | 三年级 | 页码和数字的规律 |
| 真假沙和尚 | 镜子中的数学 | ★★★★ | 五年级 | 现实与镜中成像区别 |